RECUEIL DE MATÉRIAUX

TOUCHANT

LES VIVRES DU PEUPLE

ET LES

BOULANGERIES VÉRIDIQUES

EN FRANCE.

CONSIDÉRATIONS SOCIALES

PAR

ALFRED ARMYNOT DU CHATELET.

Nisi est utile quod facimus, stulta est gloria.

PHÈDRE.

PARIS,

LIBRAIRIE SOCIALE, RUE DE SEINE S.t-G., 49;

BUREAUX DE LA *PHALANGE*, RUE DE TOURNON, 26.

A BERGERAC, CHEZ LES LIBRAIRES,

ET DANS TOUS LES CHEFS-LIEUX D'ARRONDISSEMENT.

1840.

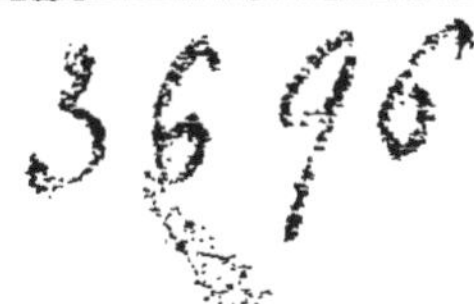

RECUEIL DE MATÉRIAUX

TOUCHANT

LES VIVRES DU PEUPLE

ET LES

BOULANGERIES VÉRIDIQUES

EN FRANCE.

CONSIDÉRATIONS SOCIALES

PAR

ALFRED ARMYNOT DU CHATELET.

Nisi est utile quod facimus, stulta est gloria.

PHÈDRE.

PARIS,

LIBRAIRIE SOCIALE, RUE DE SEINE S.t-G., 49;

BUREAUX DE LA *PHALANGE*, RUE DE TOURNON, 26.

A BERGERAC, CHEZ LES LIBRAIRES,

ET DANS TOUS LES CHEFS-LIEUX D'ARRONDISSEMENT.

1840.

BORDEAUX, IMPRIMERIE DE LAVIGNE,

Fossés de l'Intendance, 15.

A Monsieur le Ministre

de l'Agriculture et du Commerce.

Monsieur le Ministre,

Au moment où mon travail est livré à l'impression, les journaux annoncent de tous côtés que la masse des consommateurs de Paris s'occupe plus vivement que jamais de la grave question des subsistances en général, et principalement de la boulangerie. Il paraît aussi que la Chambre du commerce elle-même vient de vous adresser une requête pour provoquer de votre part une décision sur des mesures qu'il est urgent de prendre, à son avis.

Cet opuscule, Monsieur le Ministre, contient assez de documens pour porter la lumière dans cette question, qui intéresse la tranquillité des États et la vie matérielle des peuples.

Il est le seul qui ait été publié touchant les boulangeries véridiques, et le seul qui ait indiqué l'importance qu'elles doivent acquérir un jour.

Puissent mes efforts n'être point infructueux; puissent les considérations que j'ai émises, avoir quelque influence sur les décisions de l'homme d'État!

ASSOCIATION DOMESTIQUE

POUR

LA FABRICATION DU PAIN

DE CHAQUE FAMILLE.

CHAPITRE I.er

Des Falsifications du Pain.

Ce n'était point assez que la santé de l'homme fût compromise par les excès auxquels il se livre trop souvent; il fallait encore que les progrès de la science elle-même vinssent, dans nos sociétés privées de contre-poids et de garanties, tourner au détriment de l'homme le plus sobre, de l'homme le plus réglé dans ses habitudes, et porter jusque dans les générations futures, en ruinant la santé des pères, le germe, sans cesse renouvelé, de maladies inconnues.

Il nous importe peu qu'on nous vante les découvertes de détails, les découvertes fragmentaires, les trophées du laboratoire, lorsque nul de nous, en ce moment, ne peut se dire à l'abri des atteintes portées à son existence par de criminels spéculateurs. Les chimistes ne vendent-ils pas, pour de l'or, leurs arcanes dangereux? N'a-t-on pas vu, sur seize boulangers de Calais arrêtés pour falsification du pain, treize d'entre eux convaincus d'avoir introduit des drogues vénéneuses composées par les chimistes? (*Pellarin, chirurgien de la marine.*) La *Gazette des Tribunaux* n'a-t-elle point relaté la condamnation des boulangers de Belgique pour introduction, dans le pain, d'un poison vulgairement connu sous le nom de vitriol bleu? le pain, le pain lui-même livré à la merci d'une concurrence effrénée dans ses essors cupides? Maintenant que l'attention publique est éveillée sur les manœuvres criminelles qui s'opèrent dans la boulangerie, maintenant que plusieurs ouvrages signalent ces manœuvres, pesons la valeur des documens que tous peuvent retrouver dans les originaux :

« D'après la déposition de plusieurs boulangers prévenus d'avoir employé le deuto-sulfate de cuivre, on ne fait usage de ce sel que dans le but, ou de provoquer cette sorte de gonflement intestin qu'éprouve la pâte fraîchement préparée, ou de prolonger la durée de ce gonflement. Ce phénomène est produit en vertu d'une véritable réaction physique, que plusieurs chimistes de nos jours qualifient encore de réaction chimique en la nommant fermentation panaire. Selon l'expression des boulangers eux-mêmes, ils emploient le vitriol bleu pour faire *lever la pâte* et l'empêcher de retomber.

» Certes, si la pâte que fabriquent certains boulangers n'était formée que de *fécule*, de *gluten*, de *sucre gommeux* et de ligneux, dans les proportions qui constituent le bon froment, ou, ce qui revient au même, si la farine employée par eux était de froment sain et pur, il est évident qu'il serait inutile d'y ajouter rien d'étranger, la réaction panaire devant, dans cette circonstance, s'opérer naturellement au moyen du peu de ferment qu'on y ajoute toujours. Ici il n'en est pas de même; la plupart des farines, dans lesquelles on ajoute du sulfate de cuivre, de l'aveu même des boulangers, ne sont que des mélanges, en proportions variées, de froment, de fèves, de pois, de haricots, peut-être de fécule de pommes de terre. » (*Manuel du Boulanger.*)

Le sulfate de cuivre a, dit-on, la propriété de maintenir le pain humide et frais pendant plusieurs jours.

D'après le rapport au ministre, et rédigé par M. Derheims, membre de la Société hygiénique de Paris, on ne peut reconnaître la présence du deuto-sulfate de cuivre dans le pain que dans la proportion de « un sur dix mille; » d'après M. Kulmann, dans la proportion de « un sur soixante-dix mille. »

Donc, en supposant qu'un homme ne consommât qu'une livre de pain dans sa journée, ce serait, dans le premier cas, comme si l'on donnait à cet homme à peu près sept centigrammes de poison par jour; dans le second cas, un centigramme. La quantité de sulfate la plus grande qu'on puisse employer sans altérer très-sensiblement la qualité apparente du pain, est celle de « huit grains pour une livre » ou par jour; en décimales c'est quarante centigrammes par livre, ou quarante centigrammes par jour, en n'établissant la consommation qu'à raison d'une livre de pain.

« En vertu de la propriété qu'a le sulfate de cuivre de raffermir la pâte, on peut facilement obtenir un pain bien levé avec des farines dites lâchantes ou humides..... Les avantages que les boulangers retirent de l'emploi du sulfate de cuivre sont de pouvoir se servir d'une qualité médiocre et mêlée, d'avoir moins de main-d'œuvre, en épargnant l'emploi du levain, dont la préparation exige beaucoup de travail, et une panification prompte donnée à leur pâte, ce qui rend la mie et la croûte plus belles; de pouvoir employer une plus grande quantité d'eau, *ce qui fait augmenter le poids* du pain..... L'action du sulfate de cuivre est plus favorable au pain blanc qu'au pain bis....... L'introduction du sulfate dans le pain doit être considérée comme un *attentat à la santé publique*. En effet, l'emploi d'un agent aussi dangereux est laissé, dans une boulangerie, à la discrétion d'un garçon boulanger; il doit en mesurer une tête de pipe pleine; mais qui sait si la main n'a pas tremblé, lorsqu'il a versé le poison ? Qui nous garantira contre les conséquences de ce raisonnement de la part du boulanger, que si une portion donne de bons résultats, une double portion en donnera de meilleurs ? Qui peut nous assurer que, se confiant au pouvoir magique de son secret, il n'a pas négligé de pétrir la pâte suffisamment, et que par suite le poison ne se trouve accumulé en certaines places du pain pour occasionner la mort ? » (*Maison Rustique du 19.e siècle.*)

« M. Accum (*Traité des poisons culinaires*) dit que la qualité inférieure de fleur de farine, dont les boulangers de Londres font généralement usage pour la fabrication de leur pain, rend nécessaire l'addition de l'*alun*, afin de lui donner le coup-d'œil blanc du pain fait avec de la belle farine............ On fait aussi moudre fréquemment des fèves de marais et des pois pour en mêler la farine avec celle du blé........... A Londres, où la bonté du pain s'estime entièrement d'après la blancheur, ceux des boulangers qui emploient une farine de qualité inférieure sont dans l'habitude d'ajouter à la pâte autant d'alun que de sel......... Il paraît que MM. les boulangers de Londres ne se piquent pas beaucoup d'acheter de bonnes farines, et qu'ils trouvent plus économique de les frauder : aussi M. Accum dit qu'ils semblent avoir *formé une espèce de conspiration* pour fournir de mauvais pain aux citoyens......... D'après l'auteur, chaque livre de pain contiendrait cinquante-cinq grains deux tiers d'alun. Or, comme on mange ordinairement une livre et demie de pain par jour, il en résulte qu'on prendrait de cette manière, journellement, un gros onze grains d'alun. L'on sent tous les dangers qu'une telle fraude peut produire. L'introduction habituelle de l'alun dans l'estomac de l'homme, *quelque petite qu'elle soit*, doit *nécessairement* troubler l'exercice des fonctions de cet organe, surtout chez les personnes d'une constitution bilieuse ou faible et constipées par tempérament, et surtout chez les individus menant une vie sédentaire. Ajoutez à cela que cette dose quotidienne pouvant s'élever à un gros douze grains par jour, peut aggraver considérablement la dyspepsie, troubler les fonctions digestives, et donner lieu à des affections calculeuses, et même faire naître des gastrites et des gastro-entérites. Une telle fraude devrait donc être *sévèrement réprimée* par la police. *En France nous avons eu occasion de nous convaincre de l'existence de l'alun dans le pain* de quelques boulangers ; nous l'avons signalée, dans le temps, dans le *Feuilleton littéraire* et l'*Hygie française*. » (*Manuel du Boul.* par J. de Fontenelle et Benoit.)

Faut-il prouver jusqu'à quel point on se joue de la vie et de la santé des hommes en notre siècle? Raconterai-je la condamnation *très-récemment* prononcée contre un propriétaire par suite de plaintes portées par l'une de ses victimes devenue *boiteuse, borgne* et *paralytique?*

« C'est à la faveur d'un usage à demi consacré parmi les populations des campagnes du Bas-Poitou, et qu'expliquent suffisamment le besoin et la misère de quelques familles, que d'avares fermiers, de riches propriétaires, cherchant à spéculer même sur les alimens de leurs domestiques, ne craignent pas de mêler dans le pain qu'ils leur accordent, la graine de cette funeste plante dont nous avons déjà dit le nom, du *lathyrus cicera*. Quels effets désastreux a cependant produits sur l'organisme cet imprudent mélange! M. Deslonchamps, à l'article *Gesse* du Dictionnaire des sciences naturelles, publié sous la direction de Cuvier, rapporte que l'usage de la graine de *gesse chiche* causa en 1817, année où la cherté des blés était excessive en France, des accidens terribles, et même la mort de plusieurs individus. Est-il possible de trouver des faits plus précis, des opinions plus nettement formulées, pour attester l'influence pernicieuse d'une alimentation où la gesse serait employée? Il est peu de communes où l'on ne rencontre quelques êtres chétifs et impropres au travail, qui lui doivent les infirmités dont ils sont affligés; on cite notamment une famille entière qui, il y a environ dix-huit ans, dans la commune de Coulon, fit cette affreuse expérience, pour avoir usé pendant *deux mois et demi* de cette substance délétère.

» Le sieur Lucas, propriétaire-cultivateur dans la commune de Coulon, *n'ignorait pas* les funestes effets de cette substance malfaisante, puisque les nombreuses victimes qu'elle avait faites étaient à sa porte, ou du moins habitaient la même commune que lui.

» Mu sans doute par une honteuse cupidité, il conçut, au mois de mai dernier, la pensée de faire manger à ses domestiques un pain mélangé de farine de *baillarge*, de *seigle* et *de gesse*. Il avait eu la précaution de séparer ses enfans de ses domestiques, du moment où il avait donné à ces derniers du pain dans lequel il avait introduit de la farine de gesse.

» Il s'était empressé de transiger avec quatre domestiques devenus infirmes par l'usage de ce pain; et craignant d'être poursuivi et par eux dénoncé à M. le procureur du roi, comme ils l'en avaient souvent menacé, il s'était obligé, par actes notariés, à payer à chacun d'eux une rente perpétuelle de 40 fr. Mais plus rebelle envers un cinquième domestique, également devenu infirme et qui lui réclamait une rente pour subvenir à ses besoins, le sieur Lucas s'était contenté de lui faire des promesses, etc., etc.

» Le Tribunal, après délibération :

« Attendu que des débats résulte la preuve que le prévenu a occasionné

» au plaignant, lors son domestique, une incapacité de travail personnel, » en lui administrant volontairement des substances qui, sans être de » nature à donner la mort, sont nuisibles à la santé; qu'en effet il est » démontré que différentes fois, pour la nourriture de ses domestiques, » il a mêlé, au *blé* porté au moulin, une certaine quantité de *gesse chiche,* » vulgairement appelée jarosse blanche (*lathyrus cicera*), graines reconnues » comme aliment très-dangereux pour l'homme, quand elles sont intro- » duites dans le pain, etc.,..... et que ledit plaignant est resté boiteux » sans pouvoir se livrer à ses travaux ordinaires, etc., etc.... Par ces » motifs, condamne le délinquant en 50 fr. d'amende envers l'État et aux » frais, et le condamne en outre à payer au plaignant, à titre de dommages » et intérêts, une rente viagère de 60 fr. » (Trib. correct. de Niort, présidence de M. Clerc-Lassalle, aud. du 17 Juillet 1840. — Extr. du journ. *l'Audience.)*

Il est encore des fraudes peu ou point nuisibles et plus ou moins usitées soit dans le pain, comme celle qui résulte de l'addition de farines de fèves et de grains divers, soit dans les farines mêmes et avant leur achat par le boulanger. Telles sont, dans certaines localités, les additions de sciure d'albâtre, de craie, de fécule de pommes de terre. La présence, dans la farine de froment, de la fécule de cette solanée, bien moins nourrissante que le blé, exige, pour être constatée, soit par le procédé Boland, soit par le similamètre, des opérations très-délicates hors des moyens d'action du vulgaire. M. Morin, par le procédé qu'il emploie, a reconnu la fécule de la pomme de terre dans *plus de dix-huit cents* échantillons qui lui ont été soumis par la plus grande partie des boulangers de Rouen.

Ainsi la fécule de pommes de terre, la farine de fèves, de pois, de haricots, l'addition d'albâtre, de craie, la dangereuse jarosse, l'alun nuisible, et le poison appelé vitriol bleu, toutes ces falsifications ont été imaginées et se multiplient sur tous les points de la France. Toutes ces falsifications sont connues des boulangers qui *perfectionnent* leur art dans les grands centres industriels, des boulangers qui tous doivent faire leur *tour de France,* et qui d'ailleurs ont tous entre les mains les traités sur l'*art* où ces choses sont parfaitement expliquées. Donc, s'il est encore de petites localités où l'audace des falsificateurs n'ose point aller jusqu'au poison, ce ne peut être qu'un retard d'un an ou deux, de peu d'années, car tous les *progrès* sont rapides dans notre époque.

Enfin, d'un jour à l'autre, il peut être créé telle fraude dangereuse, inconnue jusqu'à ce jour, à laquelle on ne songera pas, et fort difficile à découvrir, si elle provient de substances organiques; car, dans ce dernier cas, la chimie est souvent en défaut et les réactifs sont sans vertu. Combien donc il serait à désirer que des combinaisons nouvelles, ayant puissance d'arrêter le mal, fussent adoptées par tous les consommateurs!

CHAPITRE II.

Coup-d'œil historique sur la Boulangerie.

S'il est désormais avéré qu'il y a falsifications et empoisonnemens, faudra-t-il nous réduire à tout faire par nous-mêmes? Le cheik trempera-t-il ses mains dans le sang de l'agneau qu'il doit manger ; reviendrons-nous à la bouillie de nos pères, au bon temps ; et dirons-nous à l'une de nos femmes : « Sahra, pétrissez trois mesures de farine et faites cuire » des pains sous la cendre »? (Genèse, XVIII, vers. 6 et suiv.)

On sait qu'il fut un temps où beaucoup de produits de la terre ne subissaient aucune préparation, où le blé même se consommait en herbe.

Plus tard on torréfia la semence avant qu'elle fût parvenue à son point de maturité, afin de pouvoir opérer la trituration plus facilement et sous des masses de pierre :

« *Et torrere parant flammis et frangere saxo.* » (VIRGILE.)

Aussi Moïse voulut perpétuer le souvenir des mœurs primitives dans les sacrifices qu'il ordonna à l'époque où déjà son peuple savait pétrir avec les pieds et employer le levain.

« Lorsque vous offrirez au Seigneur, dit Moïse, les prémices de vos » moissons, vous prendrez des épis *encore frais*, que vous ferez torréfier » au feu, et vous les broierez en mode de farine ; vous offrirez de la sorte » ces prémices au Seigneur en les arrosant d'huile, etc. » (Lévit., V, 14 et 15.)

« Toute offrande présentée au Seigneur devra être exempte de ferment. » (V. 11.)

Cette recommandation de se servir d'épis frais, *de spicis adhuc virentibus*, était motivée d'après l'usage des premiers temps : car les anciens avaient remarqué qu'après la torréfaction de l'épi frais, l'embryon se détachait plus aisément du péricarpe. C'est ce qu'ont prouvé des essais récens comparés avec un morceau de pain brunâtre, âgé de trois mille ans, et trouvé dans un tombeau à côté de la momie d'un grand-prêtre égyptien. Ce pain est préparé de tout point comme le recommande Moïse. « Le son y subsiste tout entier avec une foule de glumes armées du rachis qui les supporte et renfermant une bale avec ses étamines et son pistil. » (J. de F. et B.) Ce qui doit faire penser que les sacrifices égyptiens ressemblaient beaucoup à ceux des Hébreux.

Plusieurs faits naïvement racontés comme des gentillesses, témoin la mystification d'Ésaü, prouveraient *qu'au bon temps des patriarches,* la fourberie n'était point inconnue, et que déjà les germes des progrès rapides que nous avons faits en ce siècle, et dont nous n'avons pas toujours sujet de nous enorgueillir, se laissaient *quelque peu* apercevoir. Toutefois il est difficile de savoir à quelle époque ceux qui commencèrent à remplir les fonctions de boulanger commencèrent aussi à exploiter nos premiers parens. « Plusieurs auteurs ont prétendu qu'il y eut des boulangers en Egypte du temps de Joseph ; ils ont dit que l'homme qui partageait sa prison et dont il expliqua le songe, était le chef ou maître des boulangers du Pharaon. C'est l'interprétation qu'ils tirent du mot *ophim* avec les Septante et la Vulgate ; mais ce mot désigne moins le pain spécialement que les espèces de mets en général que l'on faisait alors avec la farine.

» Il ne paraît pas qu'il y ait eu de véritables boulangers avant les Phéniciens. » (*Encyclopédie.*) Si l'on veut que l'Encyclopédie se trompe, eh bien! soit; mais alors l'histoire de la boulangerie commence et finit par la prison!

Au reste, depuis les Pharaons, aucunes des bonnes traditions de l'art ne se sont perdues en Orient, si nous en jugeons d'après les peines sévères que les boulangers vendeurs à faux poids subissent à Constantinople, où on leur cloue les oreilles sur la porte de leur boutique.

Les dames romaines firent long-temps le pain elles-mêmes, et les Romains ont été pendant plus de cinq cent quatre-vingts ans sans avoir de boulangers publics. « Des Grecs qui, les premiers, eurent des fours à côté de leurs moulins à bras, cette coutume passa chez les Romains vers l'an de Rome 583. Ils conservèrent à ceux qui en avaient la direction, le nom de *pinsores* ou *pistores,* dérivé de la première occupation, celle de piler le blé dans les mortiers, et ils donnèrent le nom de *pistoriæ* aux lieux où ils travaillaient. On en forma un corps, ou, selon l'expression des temps, un collége, ainsi qu'on l'avait fait pour les bouchers. *On les mit en possession* de tous les lieux où l'on s'occupait à moudre auparavant, *ainsi que des meules, des esclaves, et de tout ce qui appartenait aux premières boulangeries.* Les boulangers qui avaient servi la république dans des temps de disette, pouvaient *parvenir à la dignité de sénateur.* » (*Encyclopédie.*)

Mais bientôt, au contact de la corruption romaine, les boulangers perdirent leur robe blanche d'innocence. Des lois postérieures leur défendirent « de servir en qualité de pilotes sur les vaisseaux qui amenaient les blés à Rome, et d'être mesureurs de grain » (Cod. Théod. *de Novicularìis et pistorib.*); « dans la crainte que, sous le nom de marchands, les boulangers ne se rendissent maîtres de tous les grains. »

Il est remarquable qu'en France les *pestors, panetiers, talmeliers, tamesiers* ou *tamisiers* cumulaient, comme à Rome, les fonctions de mouture, préparation du pain et vente de farine. Plus tard, et par les mêmes considérations que nous avons vues, un arrêt du parlement leur défendit d'être mesureurs de grain ou meuniers.

« Il paraît que le parlement de Toulouse, qui s'était occupé avec un soin tout particulier de ce qui concernait le commerce de boulangerie et de boucherie, avait décidé, par un arrêt du 2 Avril 1562, que le pain *étant devenu rare par la malice des boulangers,* toute personne aurait la liberté d'en faire et d'en vendre, et il a maintenu cette liberté par un arrêt du 8 Juillet 1564, en faisant *défense aux maîtres boulangers de porter atteinte à cette liberté, à peine d'être pendus ou étranglés.* Les peines dont les boulangers étaient autrefois passibles, ne s'arrêtaient pas aux confiscations et aux amendes, ou à la simple prison; c'étaient les peines arbitraires et les punitions corporelles, par application de la maxime: *Ratio annonæ publicæ utilitati privatæ præfertur.* Un réglement du 1.er Mars 1418 punissait de l'amende et du bannissement la vente du pain à faux poids, et les auteurs nous ont conservé une sentence du Châtelet de cette époque, qui condamnait un boulanger à être battu de verges pour avoir fait faute de poids; un arrêt du 30 Octobre 1521 prononce, pour le même délit, l'amende honorable; enfin, un arrêt du 4 Juin 1573 enjoint aux boulangers de faire pain suffisant, sous peine d'amende arbitraire et punition corporelle. » (*Dictionnaire de la C.*)

Nous sommes évidemment en progrès sur cette époque.

Paris n'a que 600 boulangers; le nombre en est fixé par ordonnance royale. Eh bien! en 1838, il y a eu « 1,302 condamnations pour faux poids. » (*Gazette des Tribunaux.*) « En 1839, il y en a eu *mille quarante-*
» *cinq*. Elles se divisaient ainsi : Au minimum de l'amende, 277; au
» maximum, 561; à l'emprisonnement de un à trois jours, 207 pour
» falsification et déficit de 125 grammes (4 onces), jusqu'à 365 grammes
» et plus (12 onces) par pain de 2 kilog. » (*N. M.*)

La diminution des fraudes, pendant l'année 1839, ne doit être attribuée, je pense, qu'à la peur causée par le seul fait de la boulangerie véridique de M. Andron. Mais ces 1,045 condamnations représentent encore, Dieu sait, combien de récidives impunies! Les détails curieux qui ont été mis au jour lors de la condamnation du commissaire de police Ozanne, comme concussionnaire, prouvent que:

S'il est avec le ciel des accommodemens,

il en est plus encore avec la police.

Écoutons la déposition du boulanger Tazé. L'accusé lui disait, en lui demandant 300 fr. : « Cela ne doit pas vous étonner, j'ai cinq boulangers
» qui me donnent chacun 500 fr., etc.... M. le préfet de police fit cacher
» un agent dans notre arrière-boutique, et le 9 Avril au soir, quand

» l'accusé vint pour chercher son argent, j'allai chercher 200 fr. dans mon » secrétaire, et ma femme prit 80 fr. dans le comptoir. Pour faire parler » l'accusé, elle dit : M. Ozanne, est-ce que ça ne pourrait pas s'arranger » pour 280 fr.? — Non, répondit Ozanne, j'ai besoin de cent écus; » puis, en prenant cette somme, il dit : En définitive, je ne réponds pas » de l'affaire. Je fais là pour vous, moyennant 300 fr., une chose qui » coûte 500 fr. aux autres. Nous discutâmes ensuite les époques du paie- » ment de la rente, et M. Ozanne me donna des instructions pour n'être » jamais saisi en fraude; il me recommanda de ne jamais mettre beau- » coup de pain à la fois dans mes voitures.» (Audience du 25 Juillet 1840; M. Poultier, président.)

Déposition de l'agent Morière, caché dans la soupente : « Ozanne di- » sait à Tazé : N'envoyez jamais vos voitures dans le faubourg Saint-De- » nis; il y a des agens qui vous saisiraient. *Nous sommes plusieurs qui nous » entendons*, mais nous avons aussi parmi nous des jésuites qui envoient » nos procès-verbaux à la préfecture de police. Il y a là, dans les bureaux » de M. Rieublanc, tout plein de petits commis qui sont jaloux de nous; » ça pourrait vous faire tort. Quant à nous, nous ne craignons rien, nous » sommes nommés directement par le préfet, et quand même on nous dé- » noncerait à lui, l'administration nous soutiendrait toujours. » (*Gazette des Tribunaux*, *Temps*, *etc.*, audience du 25 Juillet 1840; M. Poultier, président).

En raison des circonstances atténuantes, Ozanne a été condamné à trois ans de prison.

CHAPITRE III.

Position du problème & Considérations sociales.

PROBLÈME : Étant donnés les élémens historiques et sociaux, industriels et scientifiques, relatifs à la boulangerie, trouver une combinaison prompte et facile à exécuter, peu dispendieuse, qui évite les inconvéniens et réunisse les avantages de tous les systèmes connus, en conservant la constitution actuelle du ménage.

Nous sommes tous suffisamment éclairés sur les inconvéniens et sur l'énorme dépense qui résulterait de la fabrication du pain sous chaque toit familial; et cependant nous sentons que plusieurs des avantages de ce système vaudraient la peine d'être conservés.

Certes, si nous avions à notre disposition des hommes aussi habiles dans leur art que les ouvriers boulangers; s'ils se joignaient à nous, non pas en qualité de serviteurs, mais en qualité d'associés; si nous pouvions nous réunir en assez grand nombre pour que chaque four, notre propriété par indivis, fût en fonction permanente; si nous savions élire *l'un de nous* qui se chargeât de nos intérêts et voulût tout régir de la manière la plus convenable, guidé même par son intérêt particulier; si nous partagions les économies en proportion de ce que chacun de nous aurait consommé et fait fabriquer; s'il nous était facile de visiter à chaque instant notre atelier commun, d'obtenir le poids exact, nonobstant le degré de cuisson que chacun de nous désire; certes nous n'aurions pas fait une grande dépense de génie pour inventer une combinaison semblable. Nous aurions enfin une boulangerie véridique. Eh bien! le germe *informe* d'une semblable institution se trouve sous nos yeux chaque jour; ce *germe* existe dans l'armée, qui a des panetiers sous le nom d'intendans militaires. Il existe enfin dans plus d'une communauté; par exemple au séminaire de Bergerac, qui a dans son économe un panetier, et qui a trouvé cela tout seul..... après imitation toutefois de quelques coutumes du moyen-âge.

Non-seulement chez les ducs et les princes, mais chez beaucoup de grands seigneurs dont la maison était considérable, il y avait jadis de grands-officiers chargés de ce qui concernait le service de la bouche. On ne saurait, maintenant que les mœurs de ces temps sont loin de nous, se faire une idée de la représentation des grands-officiers de bouche. Le grand-bouteillier, le grand panetier d'un duc étaient de très-grands personnages. Chez les rois, le grand-panetier commandait à tous les officiers de la paneterie du roi. C'était à la paneterie que se faisaient les distributions pour tous les commensaux de la maison. « *Les maîtres boulangers de Paris étaient* SOUS LA JURIDICTION *de cet officier*. Le premier panetier que l'on trouve dans notre histoire, est Eudes Arode, en 1217, sous Philippe-Auguste. Cette charge fut toujours possédée par des personnes de la première distinction. On lisait autrefois sur le tombeau de Guillaume Tannegui du Chastel, mort au siége de Pontoise, le 20 juillet 1441, l'épitaphe suivante : « Cy gist noble » homme Guillaume du Chastel, de la basse Bretaigne, panetier du roi » Charles VII, et escuyer d'escurie de monsieur le Dauphin, qui tré- » passa le vingtième jour de Juillet, l'an de grâce M.CCCC.XLI, durant » le siége de Pontoise, en défendant le passage de la riuière d'Oise, le- » dict jour que le duc d'York la passa pour cuider leuer ledict siége, et » pleut au roi pour sa grande vaillance et les seruices qu'il luy avoit » faicts en mainctes manières, et spécialement en la défense de ceste » uille de Sainct-Denis, contre le siége des Anglois, le fit enterrer céans. » Dieu lui fasse mercy. Amen. » (*Dict. des Origines.*)

Immédiatement après la maison du roi, venaient les douze grands duchés-pairies de France. Là aussi les officiers de bouche étaient des hommes de distinction à cette époque. On voit dans de vieilles paperasses datées de 1539, « *par devant le Notaire soussigné, au lieu de Montigny sur Aulbe, au Chastel d'illec,* » que « *Jehan Armynot Escuyer, Sieur de la Motte de Vauxaulles* », fit bâtir une chapelle dédiée « *au nom de Madame saincte Anne, suyvant sa dévotion et celle de deffuncte Damoiselle Rémond, vivante sa femme, etc.... dans laquelle Chapelle pourra led. s. Armynot faire graver ses armes et celles de lad. deffuncte Rémond dans les endroicts qui lui conviendront, laquelle à lui seul appartiendra, à ses hoirs et successeurs au temps advenir et en son nom seulement: dans laquelle ils orront seuls le droict de se faire ensépulturer au jour de leur décès,* » et que ce Jehan était fils de « *deffunct Louis Armynot, son père, jadis Eschanson d'Anne Duchesse de Bretaigne.* » Anne devint reine de France en épousant Louis XII.

« Ce titre est encore aujourd'hui si recommandable en Allemagne, qu'il est attaché au premier électorat, affecté au roi de Bohême. En France, le grand-échanson n'a pas succédé au grand-boutillier, comme l'assurent quelques auteurs ; ils étaient l'un et l'autre un des quatre grands-officiers de la couronne qui signaient tous les actes et patentes de la cour, sous Hugues-Capet et jusqu'à saint Louis. » (*Dict. des Origines.*)

Mais voici que les paneteries, si long-temps oubliées, vont renaître, fécondées par l'élément populaire. Le peuple, à son tour, aura ses grands-officiers, lesquels seront officiers de tous, du pauvre et du riche en même temps. Voici le jour où les fonctions de ces officiers se complètent par des garanties nouvelles, deviennent sociales, s'agrandissent et étendent leurs bienfaits. L'un de ces *délégués* de tous, celui en qui tous auront confiance, le représentant de l'hygiène publique et de l'intérêt général, sera le *grand-panetier de la cité.*

Comme les panetiers des temps anciens, il aura sous sa direction un personnel nombreux et hiérarchisé selon les fonctions. Il sera à la fois directeur industriel, agent général des familles, et, pour ainsi dire, fonctionnaire municipal. S'il a l'intelligence du chemin ouvert devant lui, l'établissement qu'il dirige en vertu d'un mandat devra absorber peu à peu, dans son unité administrative, les petits ateliers de panification, et rester seul ou à peu près dans une époque plus ou moins éloignée.

Comme un bon chef de famille qui fait toute chose en temps propice, il achètera pour ses commettans tous les grains vers le temps de la récolte; avances que les économies de l'association lui permettront de faire *un jour* sans beaucoup de peine; et dans chaque commune, le bon père de famille transformera quelque vaste local en grenier d'abondance.

L'autorité, qui a senti combien il serait urgent d'assurer l'approvisionnement des substances qui sont la base de la nourriture du peuple, a tenté, par des palliatifs, d'obvier à l'absence de toute prévision de la part des boulangeries morcelées. Ainsi, *à Paris*, d'après une ordonnance royale du 21 Octobre 1818 imposant certaines obligations aux six cents boulangers de la ville, ceux-ci doivent avoir constamment en magasin un total de 62,000 sacs. Pendant cette provision de quatre mois, *à raison d'une livre de pain par personne*, la ville consommera donc le grain au moindre prix immédiatement après la récolte ; mais après ces quatre mois ? Les boulangers isolés ne se trouvant pas dans des conditions convenables, et n'ayant pas un intérêt aussi impérieux à s'approvisionner, puisque la taxe suit la fluctuation de la hausse, la population pauvre de la ville voit, au détriment de sa bourse et de son estomac mal remplis, le pain augmenter indéfiniment de prix pendant tout le reste de l'année, et nonobstant les greniers d'abondance qui ne sont point suffisans pour les besoins.

Et dans les petites villes, à quoi se réduit l'approvisionnement?

Et pendant la plus grande partie de l'année, que devient le blé dans les campagnes? Il s'altère, mal aéré, mal soigné. Il devient la pâture des rats et des insectes. N'est-il pas de la dernière imprévoyance sociale de laisser les denrées de première nécessité ainsi abandonnées à la gestion malhabile des petits particuliers, et dans des locaux le plus mal disposés pour la conservation et la bonne manutention des grains? Chacun sait ce qu'il en advient et quelle perte il en résulte pour la société entière.

Au reste, on devine d'après les lois romaines et l'arrêt du parlement cités plus haut, qu'il serait plus dangereux encore que tous les boulangers fussent approvisionnés, car il leur serait trop facile d'exploiter le consommateur. Tant il est vrai qu'au point de vue de l'individualisme, on tournera toujours dans un cercle vicieux, dans le gâchis et la déperdition des forces.

Eh! bien, l'association va faire ce que vos timides essais n'ont su faire, et elle le fera sans froisser la liberté, sans contraindre personne.

Qu'on me permette de plonger mes regards dans un avenir éloigné. Le champ des hypothèses est vaste. *Je suppose* que jusque dans le plus petit village on se soit associé, comme à Guebwiller (1), pour la fabrication du pain. Dès-lors, l'intérêt des consommateurs, du grand-panetier, des employés, les pousserait à faire l'approvisionnement pour l'année, quelque temps après la récolte. Les boulangeries mutuelles en viendront là, lorsque le fonds social se sera accru par les économies et les bénéfices. Le caractère même de l'institution s'opposerait toujours à ce qu'il en résultât le moindre abus, et dès ce jour, mais sous ce rapport seulement, l'agriculture sera affranchie du tribut payé aux sangsues commerciales.

« L'agriculture est esclave du commerce. Lorsqu'en 1813 le commerce vendait 120 fr. le sac des farines achetées 60 fr. par une compagnie

(1) Voir chap. 4.

bien connue, qui recueillait le profit de cette hausse factice? (Très-factice, car huit mois après la récolte, on voyait surabonder ces farines de 1812 achetées par cette compagnie pour organiser la famine de 1813.)

» L'agriculture ne tire aucun bénéfice de ces menées d'accaparement : hier les eaux-de-vie, aujourd'hui les farines, demain les laines; la hausse ne s'établit qu'au moment où le cultivateur est dépouillé, et où la marchandise est *entre bonnes mains* (terme de l'art).

» Ce transfert entre bonnes mains a lieu toutes les fois que le cultivateur ou le manufacturier, surchargé de denrées et criblé d'agios usuraires, se résout à céder à vil prix aux compagnies d'accapeurs.

» Le principe fondamental des systèmes commerciaux, le principe *laissez une entière liberté aux marchands*, leur accorde la propriété absolue des denrées sur lesquelles ils trafiquent; ils ont le droit de les enlever à la circulation, les cacher et même les brûler, comme a fait plus d'une fois la compagnie orientale d'Amsterdam, qui brûlait publiquement des magasin de cannelle pour faire enchérir cette denrée : ce qu'elle faisait sur la cannelle, elle l'aurait fait sur le blé, si elle n'eût craint d'être lapidée par le peuple; elle aurait brûlé une partie des blés pour vendre l'autre au quadruple de sa valeur. Eh! ne voit-on pas tous les jours, dans les ports, jeter à la mer des provisions de grains que le négociant a laissés pourrir pour avoir attendu trop long-temps une hausse? Moi-même, j'ai présidé en qualité de commis, à ses infâmes opérations, et j'ai fait, un jour, jeter à la mer *vingt mille quintaux de riz*, qu'on aurait pu vendre avec un honnête bénéfice, si le détenteur eût été moins avide de gain. C'est le corps social qui supporte le poids de ces déperditions qu'on voit se renouveler chaque jour, à l'abri du principe philosophique : *laissez faire les marchands.*

» L'accaparement est le plus odieux *des* crimes commerciaux, en ce qu'il attaque toujours la partie souffrante de l'industrie : s'il survient une pénurie de subsistances ou de denrées quelconques, les accapareurs sont aux aguets pour aggraver le mal... Ils font, dans le corps industriel, l'effet d'une bande de bourreaux qui irait sur le champ de bataille déchirer et agrandir les plaies des blessés. » *(Théorie des quatre mouvemens. — Réforme industrielle, Charles Fourier).*

L'homme qui nous raconte ces choses s'est vu forcé, pour gagner le pain de chaque jour, d'être employé par des maisons de commerce jusqu'à l'âge de soixante ans. Il connaissait bien sa matière, je vous assure, et cette opération nocturne dont il parle a eu lieu dans le port de Marseille, pendant un temps de disette. Les patrons auxquels il dut obéir, ces criminels, ces coupables de lèse-humanité au premier chef, avaient probablement *toutes les vertus de la famille;* ils étaient *bons pères, bons époux*, ni plus ni moins qu'un bandit de Calabre, ou que les loups cerviers qui partagent leur proie entre leurs petits; c'étaient des hommes *positifs*, considérés, vivant *honorablement*, faisant leur chemin, et ennemis des utopies. Ces *honnêtes gens*, sur les bancs du jury, sont de *vertueux* représentans des principes conservateurs des sociétés modernes, et ils font tomber la tête d'un Lacenaire qui ne se servait que d'*un* couteau dans le le dos de ses cliens. En vérité, les grands assassins ne comprennent pas leurs intérêts. Il y a mille fois plus d'avantage à tuer des milliers de personnes à la fois. Voyez la différence, quand ils jettent à la mer la nourriture de trois mois pour vingt mille pauvres mourant de faim, ou le repas de deux millions d'hommes; cela rapporte, et ils *gagnent* de l'argent. Ils deviennent éligibles, députés et décorés de la Légion-d'Honneur. Législateurs, ils font un code pénal pour les petits, et un code de commerce pour les gros; autrement dit, des boulets de fer pour les misérables, et des toiles d'araignée pour les hauts tacticiens. Ils parlent en public, achètent des journaux et des voix, et des degrés du palais de la Bourse ils imposent leur volonté aux souverains.

Aussi bien, laissons-les où ils se trouvent, et revenons à nos farines.

Quelques personnes disent que les blés ont médiocrement produit en Angleterre: je ne sais si la nouvelle se confirmera; mais ce qu'il y a de certain, c'est que la Russie a prévenu nos chambres de commerce, et annonce de toutes parts qu'elle ouvre ses ports en franchise à la France pour l'introduction des grains dont elle se voit dépourvue par sa mauvaise récolte.

Il paraît assez probable que, l'année prochaine, le prix du blé atteindra, pour le moins, chez nous, le chiffre élevé des derniers mois: Mai, Juin et Juillet.

Je suppose donc que, dans un avenir qu'aucun de nous ne peut déterminer, la position de la France fût analogue à celle que nous voyons maintenant, et que tous les petits particuliers, qui ne sont point statisticiens pour l'ordinaire, vendissent une partie de leurs blés à cause d'avantages momentanés; je suppose que ces avantages brillans et momentanés fussent des piéges tendus ou des préludes à une guerre; eh bien! je le demande, avec le morcellement actuel des ménages, l'éparpillement des magasins, je demande comment on pourrait reconnaître la nécessité de suspendre les ventes? où seraient les documens statistiques? comment les trouver au milieu d'un commerce anarchique et mensonger qui, surtout aux époques difficiles, cache dans l'ombre ses accaparemens, et qui, par une foule d'opérations simulées et fallacieuses, parvient à tromper la surveillance de l'autorité?

Pendant notre tourmente révolutionnaire, qui imposa tant de douleurs et tant de privations aux masses populaires, si le service des boulangeries véridiques eût été régularisé et solidarisé depuis long-temps, il y eût eu de quoi vivre pour chacun, nul n'aurait souffert dans la plus chétive commune, et ces considérations, ce me semble, ont quelque valeur.

Les boulangeries véridiques doivent-elles se généraliser? Quelques-uns pensent déjà que, dans un avenir prochain, elles seront adoptées par toute l'Europe; pour moi, je crois qu'il ne serait point impossible qu'il en fût ainsi, si les gérans avaient quelque chose des qualités de l'homme d'état, si de leur côté les pouvoirs locaux étaient assez intelligens pour comprendre la mission dont ils sont chargés dans notre époque difficile, et surtout si le pouvoir central faisait son devoir. Mais le réglement d'une boulangerie devenue complétement communale et sociétaire serait progressivement élargi et considérablement simplifié; ceci est l'œuvre de l'avenir, et n'aura lieu qu'après une certaine période de plein exercice des boulangeries véridiques; alors la fabrication fonctionnerait intérieurement à triple division rivalisée. Il me serait facile de décrire ce qui doit être, et de dégager l'inconnue; il vaut mieux, pour épargner maintenant quelques longueurs, ne donner de détails à ce sujet que dans des publications subséquentes.

Donc, si, dans l'avenir, ces boulangeries reliaient le sol sous un multiple réseau, et que des circonstances embarrassantes se présentassent, la France ne pourrait se dessaisir que de son superflu; et à point nommé, par l'addition de trente-six mille groupes de quatre chiffres, on pourrait enregistrer jusqu'au dernier grain de blé existant en France.

« Ainsi, le ministre de l'intérieur commencera par faire établir un in-
» ventaire général sur la situation des trente-six mille communes de
» France. » (Napoléon. Lettre sur l'organisation projetée des communes.)

C'est-à-dire que l'intendant-général ou grand-panetier de France, présidant le mouvement économique des vivres, aurait la statistique de tous les départemens. Le grand-panetier de département serait en relation administrative avec les arrondissemens et les communes de son ressort, et si l'approvisionnement était mal fait ou mal réparti, s'il arrivait un accident sur un point isolé, il pourrait être opéré de petits prélèvemens à titre de prêt, d'échange ou d'achat entre des boulangeries voisines. Les mouvemens de grains entre départemens s'opéreraient avec la même régularité administrative, vu le relevé d'un folio déterminé du registre annuel des quatre-vingt-six départemens tenu à la paneterie de France.

Mais un système simplifié d'assurance UNITAIRE et universelle, bien plus économique pour l'assuré et plus solide que les petites assurances actuelles, morcelées et divergentes, ne tarderait pas à protéger les boulangeries aussi bien que toutes les richesses du territoire en masse. Je dirai même que ce système d'assurance se réalise déjà; le siége en sera à Paris; et M. Boudon, depuis la publication de sa brochure, en commence l'application (1).

Il paraît au reste constaté, d'après de nombreux relevés, et notamment

(1) Organisation unitaire des assurances, par Raoul Boudon. Prix: 2 fr. 50 c. Chez Dauvin et Fontaine, passage des Panoramas.

dans la *Cérès française*, que les récoltes les plus abondantes donnent, non en FROMENT PUR, mais en *toute espèce* de céréales, un excédant de quatre mois; l'excédant des récoltes ordinaires est de deux à trois mois, et celui des récoltes médiocres ou mauvaises est excessivement minime. Il n'y aurait donc point de disette à redouter, si l'on savait conserver les grains et les distribuer convenablement dans le pays. La France, si elle le voulait, pourrait avoir une réserve, puisque, même dans les climats humides, on conserve le blé fort long-temps, comme on peut le voir par la citation suivante : « Les douze corporations de Londres, quelques autres compagnies, et divers particuliers, ont leurs grains dans le local nommé Bridge-House, à Southwark, où se trouvent un juge de paix, un économe et deux maîtres....... On a conservé du blé dans les greniers de Londres pendant trente-deux ans. Plus il est vieux, plus il donne de farine à proportion de sa quantité, et plus le pain qu'on fait est bon et délicat. Le grain n'a perdu, en effet, que son humidité superflue. » (*Manuel du Négociant en grains.*)

Il n'y aurait donc plus de prétexte pour les déplorables scènes de désordre que nous avons vues, il y a trois mois, se reproduire en pleine paix sur tous les points de la France, au sujet de la circulation du blé; le mal serait coupé dans sa racine.

Mais un ridicule habitant de quelque petite ville bien sauvage me dira peut-être : N'allez pas si loin, ne nous parlez pas d'un intendant-général de France, d'intendans ou panetiers de département; on vous passe à peine les greniers communaux. — Et cependant Napoléon a fondé la moitié d'un grenier communal à Paris même, la commune monstre. — Mais tout le reste est *impossible*, est trop vaste, trop gigantesque..... — Eh! avortons sociaux, dignes enfans de la Béotie, c'est gigantesque comme une fourmilière, car une fourmilière de petites bêtes fait cela, et vous ne savez le faire!

Vous nous parlez de vos *progrès?* de vos lumières? et vous ne savez pas qu'il y a des milliers de siècles, il n'était rien d'aussi simple qu'une *intendance générale du blé* en Phénicie! Pauvre 19.e siècle! (1)

Certes, cette idée d'introduire l'unité dans le service des subsistances a dû sourire à une organisateur de la trempe de Napoléon; et s'il eût eu, de son temps, connaissance des boulangeries véridiques, lesquelles sont les pierres de taille de l'édifice, il eût vigoureusement et officiellement appuyé leur organisation.

Lorsque la France saura ce que c'est que l'ordre comme le savaient les Phéniciens, elle disposera ainsi le cadre des intendans en activité :

1 *Intendant général* de France, résidant à Paris;

12 *Intendans* divisionnaires ou provinciaux (parmi ces divisions

(1) L'historien Sanchoniathon prétend même que cette charge a été possédée par un nommé Dagon, petit-fils de Thot, ancien souverain de l'Égypte, divinisé après sa mort.

provinciales, se trouvera l'intendance très-importante de la Beauce).

86 *Panetiers-généraux* de département : 1 par chef-lieu de départem.[1];
365 *Grands-panetiers* d'arrondissement : 1 par chef-lieu d'arrondiss.[1];
2,694 *Panetiers* cantonnaux : 1 par chef-lieu de canton;
39,055 *Officiers* communaux : 1 par commune simple.

Même sans sortir du cercle borné sur lequel les boulangeries véridiques, encore clair-semées, vont agir, chacun serait intéressé directement à indiquer où se trouvent les meilleurs grains; ces boulangeries sont une prime d'encouragement donnée à l'agriculture. Les meilleurs systèmes de fabrication et de mouture seraient appliqués.

Si l'on calculait d'après le taux des bénéfices de la boulangerie de Guebwiller, l'ouvrier devrait palper trente-sept fois l'intérêt des caisses d'épargnes, pour un capital bien borné il est vrai; mais comme il faut que tous se nourrissent, et que les actions de la plupart des boulangeries véridiques ne sont que de cinq francs, cette faible mise, une fois opérée, peut être un prélude à des habitudes d'ordre qui découlent d'une première démarche. De plus, l'établissement acquiert de l'importance par l'augmentation annuelle du fonds social; le prolétaire se trouve donc, avec le temps, avoir une hypothèque plus considérable, et il s'attache d'autant à la commune.

D'après l'article 14 du réglement de la boulangerie de Bergerac, lequel couvre d'une protection spéciale les associations; tel ouvrier dans la gêne qui, se trouvant isolé, eût possédé peu de crédit, peu de ressources, est invité à contribuer à la constitution d'une *caisse de secours pour le pain* en s'associant avec plusieurs de ses compagnons; il peut doublement jouir des bienfaits de la boulangerie véridique.

Il existerait *un germe* de ralliement entre les classes pauvres et les classes riches liguées pour le même but. Il est probable même qu'un patronage pour la réception du pain ne tarderait pas à s'établir et à se régulariser. Plus d'un riche, au mois de Janvier, époque de la répartition, abandonnera une des pièces de cinq francs qui lui reviendront à titre de dividende, l'échangera contre une action en faveur d'un de ses protégés non encore actionnaire. Plus d'un riche recevra du pain pour le donner lui-même à ses cliens.

Enfin, les intérêts, tout en restant inégaux, seraient *solidarisés* dans la commune, du moins sous le rapport de cette partie des subsistances. C'est déjà quelque chose.

La conservation des grains étant conduite le mieux possible, économiser serait enrichir la France. Il refluerait quelque bien-être, avec un peu de froment du dernier choix, dans les contrées stériles où les paysans de notre belle patrie dévorent ce misérable pain d'avoine que l'on coupe, comme dans le Puy-de-Dôme, à coups de hache, faute de pouvoir chauffer le four autrement qu'une fois ou deux pendant l'hiver.

Je dirai à ce sujet que ce serait un mal, en économie sociale, que de favoriser *à l'excès*, je veux dire *au détriment de la culture du blé*, la production de ces substances alimentaires dites à bon marché, mais qui nourrissent peu sous un grand volume, comme la pomme de terre. La culture de la pomme de terre est un bienfait, et une garantie contre la disette; mais cette culture doit être reléguée dans des terrains spéciaux, ou ne figurer que pour les convenances d'assolemens. Je sais qu'à égalité de surface, tel terrain, propre à la culture du blé, rend davantage en pommes de terre; la totalité de ce produit nouveau peut maintenant compenser en valeur la qualité nutritive qui se trouve dans le blé sous un volume plus petit.

Mais je ferai observer que notre estomac n'est point un magasin inerte, qu'il n'a qu'une capacité déterminée, et que le temps de la digestion a des limites. Par conséquent, une substance absolument dépourvue de gluten et fort pauvre en principes nourrissans, fatigue inutilement les voies digestives; elle ne peut être, dans le temps fixé par la nature, renouvelée assez souvent pour compenser l'effet qui serait résulté de l'ingestion, dans l'estomac, de substances beaucoup plus riches en principes nutritifs.

Nous citerions au besoin l'Irlande, qui a poussé jusqu'au fabuleux l'excès d'alimentation par la pomme de terre, et dont les habitans sont toujours affamés. On pourrait croire que l'égoïste Angleterre a formé le pari tacite de créer une race irlandaise qui perdît la mauvaise habitude de se nourrir; et je parle de ces ombres d'hommes à qui il est encore permis de prendre des alimens en attendant l'avenir.

« Les maladies d'estomac et d'entrailles, qui sont également très-fréquentes, dépendent surtout de la nourriture exclusivement composée de pommes de terre, et surtout de celles de la plus mauvaise espèce, nommée dans le pays *a lump*, et que l'on préfère parce qu'elle est beaucoup plus grosse et qu'elle fournit une récolte plus abondante..... Dans beaucoup d'endroits, la pomme de terre forme toute la nourriture du pauvre..... L'orge, l'avoine et le riz sont d'un prix trop élevé pour qu'on puisse leur en donner. L'époque où le pauvre Irlandais est réduit à la plus mauvaise nourriture, est celle où les provisions de pommes de terre de l'année précédente sont consommées avant la nouvelle récolte. En consultant les registres des hôpitaux, on reconnaît que c'est aussi pendant ce temps que les affectations d'estomac et des intestins sont le plus communes. C'est aussi le moment où la fièvre règne avec le plus d'intensité. » (*Rapport du docteur Barrett, commissaire délégué du gouvernement anglais.*)

Nous devons savoir que le moyen de faire des hommes forts et de belle race, capables de travailler utilement pour le pays, c'est de les nourrir convenablement; condition aussi indispensable pour l'homme que pour les races bovines et chevalines, seules dignes d'être l'objet de notre sollicitude et de l'attention éclairée des gouvernemens.

Il est donc aussi éminemment social de produire des denrées nourrissantes que de les bien gérer, et d'en prévenir la destruction au moyen d'institutions de prévoyance.

Il serait de même urgent que, dans les grandes villes où se trouvent des charcutiers, il fût pris des mesures pour que des viandes insalubres ne pussent être vendues, comme cela arrive fort souvent encore. Ainsi la *Gazette des Tribunaux*, du 8 décembre 1834, publia que la police venait d'enlever, à Paris, chez les charcutiers seuls, *5,000 kilog. de lard gâté.*

Les associations ont, au reste, la propriété de n'accepter qu'à bon escient ce que j'appellerai les déviations scientifiques, telles que la proposition qu'on peut lire dans les *Mémoires sur les amphithéâtres de dissection et sur les chantiers d'écarrissage;* elles empêcheraient l'abus que les particuliers pourraient faire de semblables données : « Les opinions émises par des chimistes et médecins distingués sur l'innocuité des viandes jusqu'à présent réputées mauvaises et insalubres, n'auraient-elles pu, contre l'intention toute philanthropique des auteurs, avoir une fâcheuse influence sur la tentative des bouchers condamnés? Quand des savans en viennent à proposer les charognes de Montfaucon pour nourrir la populace affamée, ou du moins, le plus souvent réduite au pain sec, de la capitale du monde civilisé, il est tout naturel qu'un *honnête* marchand suppose que toute qualité de viande est sans inconvéniens, et cherche sans scrupule à en débiter de toute espèce. Quant à la proposition en elle-même qui, dans *l'état actuel*, a peut-être quelque valeur comme palliatif de plusieurs maux et de plusieurs vices, elle inspire une réflexion bien douloureuse, bien humiliante : ôter aux rats de Montfaucon leur pâture, pour la donner aux nobles citoyens de Paris, à l'élite du PEUPLE SOUVERAIN!!! Pauvre science! Pauvre civilisation! » (*Pellarin, chirurgien de la marine.*)

On évalue à quelques cents millions de francs, je ne sais plus le chiffre, le tort que le grand nombre des marchands falsificateurs dans toute contrée mal pourvue de vin, causent aux propriétaires viticoles. A Paris surtout, les noces de Cana paraissent perpétuelles; et de nos jours, un peu d'assaisonnement n'enlève rien à la puissance du miracle. Ainsi on édulcore le liquide avec *l'oxide de plomb*, poison assez doux au palais; vous mitigez avec l'astringent nommé sulfate d'alumine; ajoutez les agrémens qui suivent : bois d'Inde, de Campêche et de Fernambouc. Parfumez avec « 220 litres de vin du midi, et vous obtenez 660 litres de *boisson.* » Servez frais et buvez promptement.

Il n'entre pas dans mes plans de faire beaucoup d'excursions hors du domaine de la boulangerie, mais je dirai que du jour où quelque bonne combinaison serait proposée pour que la falsification des vins devînt inutile, tous les pays vignobles seraient un Pactole pour les propriétaires, embarrassés dès-lors de répondre aux demandes. J'avoue que, dans l'état social actuel, on trouverait d'immenses obstacles en voulant obtenir des garanties partielles dans cette branche de consommation; il est difficile de surmonter ces obstacles sans modifier profondément le système commercial en entier, et, peut-être, le système social par la suite.

Mais les temps d'organiser sont venus. La nécessité nous en fait une loi. N'avons-nous point des antécédens qui ont porté leurs fruits? les abattoirs, par exemple, dont le premier fondé à Paris date de l'an 1810? Beaucoup de villes ayant *commencé* à établir, au moyen de ces abattoirs, quelques garanties les plus pressantes contre l'insalubrité des viandes, l'odeur infecte des tueries dans la rue, et le spectacle affreux des victimes, la voie est toute frayée pour mettre de l'unité dans d'autres établissemens; un jour, lorsqu'on sera lassé des falsifications nuisibles, tous ces divers établissemens seront rattachés à une administration générale constituée sous ce titre : *Association municipale contre l'altération des denrées.* Cette association aurait pour siége une série de divers corps d'édifices affectés à chaque division : boulangerie véridique, abattoir après quelques complémens, etc., etc.

Quoi qu'il soit de l'avenir, ces mesures d'ordre dans nos cités, succédant à l'anarchie et au gaspillage, doivent faire pressentir aux hommes de quelque portée administrative la simplification de l'édilité, résultat des modifications qui vont s'accomplissant chaque jour.

Mais tout ne serait point fait encore. Il faudra s'occuper enfin d'offrir un but régulier d'activité à tous les bras oisifs; il faudra songer à ceux qui souffrent, à ces millions de pauvres hères qui n'ont pour vivre que quelques sous. O vous qui ne connaissez pas la souffrance, la privation et la misère, savez-vous comment on vit avec six sous par jour?

« Adélaïde (rue du Mûrier, douzième arrondissement), âgée de vingt-huit ans, gagne à filer six sous par jour, qui doivent subvenir à tous ses besoins et à ceux de son enfant; il y a près de deux mois qu'elle ne mange que du pain et du fromage. Apportée à l'hôpital quatre heures après l'invasion de la maladie, deux heures avant sa mort, elle me confie qu'elle a pu, avec une bonne santé, lutter contre la faim, et s'habituer à ne satisfaire son appétit que toutes les *quarante-huit heures :* son enfant, m'a-t-elle assuré, n'a jamais enduré la faim, elle seule en supportait les angoisses.......... » (*Cons. sur l'hist. du choléra-morbus de Paris,* par P. C., int. à l'hôp. de la Pitié.)

Vous auriez tort de croire que ce fait est un fait isolé, exceptionnel, et si vous consultez les ouvrages de M. de Morogues et de tous les statisticiens, vous verrez que, dans notre France de trente-trois millions d'hommes, sur vingt-deux millions cinq cent mille prolétaires, 7,500,000 ont 8 sous par jour; 7,500,000 ont 7 sous, et 7,500,000 n'ont que 5 sous à dépenser. Et ceci n'est qu'une moyenne qui ne tient pas compte d'horribles dénuemens!

Politiques de tous les partis! la voilà cette plaie horrible et saignante! Y songez-vous quelquefois dans vos théories ministérielles, dans toutes vos utopies gouvernementales, réalisées le jour, anéanties le lendemain?

« Étrange renversement de l'ordre naturel! Tandis que vous, les démonstrateurs officiels, les bruyans annonciateurs de l'esprit nouveau, vous ignorez où il est, la multitude qui, sur la foi de vos belles paroles, vous avait crus plus savans qu'elle, le sait mieux que vous; elle vous répondrait, si vous ne vouliez pas vous boucher les oreilles; elle vous en avertit par la voie de l'émeute; elle vous l'inscrit sur ses sombres drapeaux : *Du travail et du pain;* car, plus morale que le peuple romain, la génération actuelle n'en est plus au *panem et circenses.* Du pain par le travail, le travail avec du pain, voilà toute laquestion! Certes elle est posée en termes nets, clairs, et qui sonnent l'airain comme les mots de la nécessité. Répondez donc et sans trop hésiter; ne jetez pas en avant des paroles évasives; ne prenez pas des airs de roi : car le fier Romain est là, devant vous, simple, mais fort et inflexible; et de sa baguette de fer il trace autour de vous un cercle qui, mobile et intelligent, va se resserrant de seconde en seconde, comme le lacet du chasseur autour de la proie qui se débat. Répondez donc à votre terrible interlocuteur, avant de sortir des étroites limites qu'il vous a fixées. Si vous faites un pas sans les satisfaire, adieu; c'est fait de vous! vous n'êtes plus ses alliés. » *(A. de La Tour du Pin.)*

Qu'il y ait encombrement, quelque perturbation dans les manufactures, « l'ordre public est compromis; Lyon s'affame, Paris descend dans la rue, le gouvernement se met en grand émoi, le trésor subvient, quoique plus endetté et plus en peine que l'industrie et le commerce eux-mêmes. On dirait de la France une place assiégée. Cette belle France, avec notre fausse civilisation, et couverte de clinquans et d'oripeaux, n'a pas une subsistance assurée. (Très-bien! très-bien!)

» L'Angleterre cultive 21 millions d'hectares et en obtient 5 milliards 400 millions de revenus bruts. La France, sur 46 millions d'hectares, n'a que 300 millions de plus. La force agricole, appliquée par l'Angleterre à ses 21 millions d'hectares, égale, par le secours des bestiaux et des machines, celle de 25 millions de travailleurs humains. La nôtre, sur 45 millions d'hectares, n'est que de 37 millions de travailleurs. L'importation et l'exportation comparées, pour la France, la constituent en déficit annuel sur ses productions territoriales de première nécessité pour plus de 135 millions. (Sensation.) Cette pénurie de produits forçant à toutes les restrictions de la misère, quand l'Angleterre consomme 102 livres de viande par individu, la France n'en consomme que 38, et l'opinion erronée de notre public, croyant à une revanche en fait de céréales, s'étonnera d'apprendre qu'en farineux provenant de toute espèce de céréales,

les Anglais consomment 9 pour cent de plus que nous. Nos vêtemens, à la campagne, couvrent à peine la nudité de nos populations. La moitié des Français marchent pieds-nus..... Nos recrutemens militaires, sur 11 individus appelés, en rejettent 4 pour le seul défaut de taille. Nos populations rurales n'ont que des formes non développées, rabougries et rachitiques..... Au milieu d'une nation aussi affaiblie, et de toutes les fabrications d'un luxe sans bornes, alimenté à grands frais par les sacrifices des contribuables, sous des gouvernemens qui ont fait arriver des chèvres du Thibet, des béliers de Nubie, des moutons de Leicester, les tapis de Perse ont été égalés et surpassés; les laines, les cotons, les chanvres, les lins ont même été mis en œuvre pour les arts les plus délicats et les plus perfectionnés; mais seulement pour les étoffes à l'usage de l'opulence, car nous manquons de grosses laines indigènes. L'orfèvrerie, la bijouterie, l'horlogerie, les cachemires, les soieries, tout, jusqu'aux fausses perles et aux faux diamans, tout ce qu'il y a de plus distingué, de plus admirable, de plus fashionable au monde, et tout ce qui en même temps est le moins applicable aux besoins de la généralité des Français, abonde et brille dans nos capitales. Aussi, chez nous, tout est à bon marché, excepté ce qui devrait l'être : le pain, la boucherie, l'huile, le sel, la bure, la grosse toile, le cuir, etc., voilà les objets dont les prix restent élevés. » (*B. d'Isard, député. Discours à la Chambre. Courr. F.*)

Il y a huit ans que, du haut de la tribune, M. d'Isard disait ces choses à la face du pays; que doit-il penser maintenant, depuis qu'en l'an de grâce 1840, le prix du pain à Paris s'est élevé jusqu'à fort près de cinq sols le demi kilogramme?

Vivez donc, logez-vous, habillez-vous et mangez toutes les quarante-huit heures, si vous n'avez que 6 sous par jour pour vous et un enfant, comme Adélaïde, dont j'ai reproduit l'histoire; et si, de même qu'une pauvre dame que j'ai connue dans la prospérité, et qu'en 1837 j'ai rencontrée à Paris dans l'infortune, après la mort de son mari, vous ne pouvez gagner que 8 sous par jour en travaillant, avec des milliers de malheureuses, sans relâche, sans repos, à tortiller des *mirlitons* et des *cosaques* en papier. Voilà votre société telle que vous nous la faites, bourreaux! sept millions cinq cent mille pauvres hères n'ont que cinq sous par jour!!! Etonnez-vous donc qu'en 1838 le nombre des gens morts « de faim, de froid ou de fatigues s'élève à 228 » (*Droit.*), et le nombre des suicides à « 2,586. »

Et dans ce moment-ci, *après la récolte*, dans la seconde quinzaine *du mois d'août* du même an de grâce 1840, la taxe officielle du pain, pour Paris, est de 75 centimes le double kilogramme! Cela promet pour l'année prochaine. Tandis qu'en 1822, les quatre kilogrammes de pain se vendirent à Paris 50 c. pendant 95 jours, et 55 c. pendant 37 jours. En 1823, pendant 61 jours ils coûtèrent 55 c. En 1824, le prix fut de 55 c.

pendant 212 jours, de 50 c. pendant 30 jours, et de 57 c. pendant 32 jours. Enfin, la moyenne annuelle en 1822 fut de 56 c., en 1823 de 60 c., et en 1824 de 57 c.

J'ai beaucoup de regret, pressé comme je le suis, et privé, dans une petite ville de province, de tous matériaux sur le prix moyen des grains à l'intérieur pendant les années qui précèdent immédiatement celle-ci, de ne pouvoir donner que le tableau suivant que j'ai sous la main, et qui est relatif à la Belgique, notre proche voisine :

Prix moyen de Juillet.	Froment.	Seigle.
1835	15f 93c	9f 54c
1836	16 93	10 35
1837	17 09	11 79
1838	21 69	11 38
1839	24 08	12 69
1840	24 22	15 92

« Dans l'espace de six années, le prix du seigle s'est donc élevé au taux du froment, et celui-ci a augmenté de plus de moitié, alors qu'en réalité il n'y a eu aucune mauvaise récolte, et quoique depuis plus de deux ans l'entrée soit entièrement libre. » (*Messager de Gand.*) Et l'on trouve étrange que le prix des objets de première nécessité augmentant ainsi, et la concurrence anarchique dépréciant les salaires relativement aux époques, les ouvriers manifestent leurs souffrances par des coalitions et *le refus de leur propre travail !* Sans doute ces manifestations font du mal, et je les déplore tout le premier; mais je demande à nos vieilles ganaches politiques, ci-devant nobles coryphées du fameux refus de l'impôt durant la comédie de quinze ans, je demande à ces chevaliers de la coalition qui ont manqué de jeter la perturbation dans l'État et qui ont fait tant souffrir l'industrie, lequel des deux refus est le plus excusable et devrait être le plus légal? Mais peut-être la fin a sanctifié les moyens; et nous devons glorifier nos grands hommes à cause des résultats brillans qu'ils ont obtenus : la souffrance à l'intérieur, la mystification d'Orient; enfin la déconsidération de la France aux yeux de l'Europe, qui a raison de nous juger d'après les mandataires que nos électeurs ont choisis. C'est bien.

Allons, allons, élevez encore au pouvoir les deux derniers hommes politiques qui vous restent, petite monnaie déjà rognée avant la circulation, et que vous n'avez qu'à user, ainsi que l'ont été si promptement tous les acteurs de cette ignoble farce qu'on joue devant nous, spectateurs un peu débonnaires; que le monde politique vide son sac, et qu'on en finisse.

Puis, quand vous aurez épuisé toutes vos nullités retentissantes, peut-être penserez-vous à la jeune *École sociétaire* dans votre détresse. Là seulement vous trouverez des hommes d'état, des hommes de valeur. Si j'en jugeais d'après une production récente, peut-être trouveriez-vous plus qu'un Sully dans un ingénieur en chef et candidat à la députation : le savant auteur des *Calculs agronomiques* (1). La question complexe de l'avenir agricole de la France, de l'augmentation des richesses territoriales, celle de l'extinction *définitive* de la mendicité, se trouvent, dans cet ouvrage, résolues l'une par l'autre et simultanément. C'est pour cela que, malgré la prise en considération de la société d'agriculture de Rochefort, de plusieurs sociétés agricoles et de bienfaisance, nul de nos saltimbanques politiques ne voudra prendre connaissance du livre de M. Le Moyne et lui voler ses idées. Car ne faudrait-il point d'abord, et dans le livre de la science sociale, apprendre à lire couramment ? Or, ces messieurs épèlent maintenant un peu de statistique, et les matériaux officiels les plus récens leur seront bientôt fournis. On leur dira la quantité dont les mendians et les pauvres ont dû s'accroître depuis les relevés de M. de Morogues.

Ah ! il est temps, il est temps de fonder ces colonies agricoles *sociétaires*, ces vastes établissemens économiques où, dans des travaux savamment combinés, alternés même quelquefois, seront employés tous les bras oisifs des villes et tous les malheureux. Là les produits atteindront le quadruple en fort peu de temps. Le ministre François de Neufchâteau n'a-t-il point eu la conviction inébranlable que cette élévation des produits serait facilement atteinte par de nouvelles combinaisons agricoles qu'il a toujours conseillé d'établir ?

Le conseil municipal de Strasbourg fonde en ce moment une colonie agricole de quatre cents pauvres logés dans un édifice unitaire. Cela est bien incomplet sans doute, mais c'est un commencement. Qu'on se hâte, ne fût-ce que pour éviter de bien graves désordres ; car des résultats de la misère, des *dents du dragon*, sont éclos des soldats redoutables ; des hommes qui veulent jouir l'ont dit hautement, cette fois ce sont les titres de propriété qu'ils ont promis de brûler sur les places publiques ; il y a six mois ces hommes n'existaient point encore, et déjà ils se comptent, ils se nomment, ils agissent comme les chartistes d'Angleterre, ils retrouveront chez eux le glaive d'un Brennus.......

Or, il faut que ceux qui n'ont rien oublié, ni rien appris, tâchent de faire entrer les choses qui suivent dans leur cervelle : « La révolution du dernier siècle a été faite *pour* des droits politiques et des principes plus ou moins abstraits, *par* des avocats, des marchands et des idéologues, gens dont les habitudes et les mœurs premières étaient douces et polies, *contre* des seigneurs, des princes, un clergé, une cour. C'était une querelle entre des classes élevées, policées, instruites. — Cette révolution a produit 93.

» Les révolutions de l'avenir seraient faites *pour* des droits positifs,

(1) A Rochefort, chez l'auteur ; et à Paris, librairie sociale, rue de Seine St.-G., 49.

des intérêts vivans, *par* des populations que la civilisation a laissées dans un état inculte, grossier et demi-sauvage. Ce serait, dans toute sa nudité, la guerre de celui qui ne possède pas contre celui qui possède. Cette guerre-là résumerait toutes les autres............ En présence d'un pareil avenir, il n'y a pas eu paradoxe à dire que 93 serait l'âge d'or des révolutions modernes. » *(Victor Considérant, Capit. du génie.)*

La France est assise sur un volcan ! !

CHAPITRE IV.

Statistique des boulangeries véridiques et mutuelles.

La première boulangerie mutuelle dont il soit fait mention, et qui resta six ans obscure, est celle du village de Guebwiller. Plus une association est faible en nombre et en ressources, moins les résultats sont brillans; et cependant cette société, qui ne se composait dans l'origine que de 30 à 40 familles, et qui en réunit aujourd'hui 300; qui ne fait encore que 1,050 liv. de pain par jour, dont la moyenne de fabrication, pendant sept ans, a été de 884 liv. par jour, en tout 452,181 pains de 5 liv., a produit pour les consommateurs, et en comparant le prix avec celui des boulangers, « une économie moyenne de 12 c. ½ par pain de 5 liv., ci.. 56,522f 62c

De plus, il y a en caisse.. 13,000 »

TOTAL.......................... 69,522f 62c

(Journal de St.-Quentin.)

Par-là on peut juger des résultats que l'on peut obtenir dans une ville de huit mille âmes, par exemple, où tout se sait rapidement, et où il serait très-possible, pour peu que ce sujet occupât les esprits, de commencer l'opération avec un noyau dix-neuf fois plus fort que le noyau primitif de Guebwiller; en d'autres termes, avec le double des forces actuelles de cette société; dans cette hypothèse, l'association nouvelle fabriquerait dès le commencement 2,000 liv. de pain par jour.

La boulangerie véridique, fondée il y peu de temps, et dirigée par M. Andron (1) à Ménil-Montant, barrières de Paris, fut la première ten-

(1) Au moment où j'écris ces lignes, les journaux annoncent que M. Andron vient de périr, victime de son dévouement, en voulant sauver une femme et un enfant dans la rue Saint-Lazare. Plus de 600 personnes, dit le *Siècle*, assistaient à son enterrement.

tative de ce genre, au milieu d'une grande masse de population. On osa commencer l'essai après 788 actions souscrites, ce qui ne représentait que la faible somme de 3,940 fr.; l'entreprise a été conduite avec beaucoup de succès et beaucoup de persévérance; au bout de six mois on avait couvert les frais, et un boni était déjà réalisé. Il y a tout lieu de croire que la totalité des actions sont souscrites maintenant.

Enfin, une plus vaste boulangerie véridique est sur le point de s'ouvrir dans Paris même, pour répondre à un besoin généralement senti et exprimé.

Il y a quelque temps on m'avait annoncé que Nantes, Metz, Lyon, Strasbourg devaient avoir leur boulangerie véridique; comme je n'ai aucune relation avec ces villes, je ne sais si l'organisation de ces établissemens s'est fait ou non attendre.

La boulangerie véridique de Bordeaux est venue un peu tard; mais, si elle a été lente dans sa marche, elle n'en est pas moins près d'arriver à la fin qui lui est réservée. L'établissement est situé près de l'octroi, hors de l'enceinte. A Paris, les associés, dès l'origine, appartenaient à toutes les classes de la société; à Bordeaux l'établissement est issu, comme à Guebwiller, des couches inférieures. Les ouvriers, qui adoptèrent les premiers cette pensée, comprirent combien cette boulangerie secondait leurs intérêts comme consommateurs, en même temps que les intérêts des masses. Quel zèle, quel dévouement! Combien d'hommes dans un rang plus levé, selon la fortune, pourraient, sans crainte de déroger, prendre ces braves gens pour modèles quand une amélioration est proposée, et devraient rougir d'être au-dessous d'eux par le cœur et par la noblesse des sentimens! Je prie de croire que je raconte *ce que j'ai vu*. Pendant les six semaines que je viens de passer à Bordeaux, j'ai assisté aux dernières phases d'un pénible enfantement. L'un a construit la voiture et en a fait l'avance, l'autre a fabriqué le pétrin; celui-ci prête les premières farines, celui-là échange son cheval contre des carrés de papier gris ou bons de pain à toucher dans un avenir que tant d'esprits mal faits eussent peut-être dénigré par le plus sot des systèmes. Avancer 200 fr. ou un cheval! Mais pour un ouvrier, c'est une fortune! c'est la métairie, c'est le domaine d'un propriétaire.

Il fallait un gérant. On ne crut faire rien de mieux que de s'adresser à un professeur du Collége royal, qui avait donné les premiers et les meilleurs conseils dès la naissance de l'association, et qui consent à partager son temps entre les nouvelles occupations et les précédentes. *Ses principes bien connus en association*, et son dévouement pour le bien, sont toute la garantie de sa bonne gestion. Dans toute la ville de Bordeaux, les farines sont blutées pour les boulangeries, et d'après les combinaisons établies, le gérant a pour appointemens un centime par kilogramme de pain, plus une part dans les dividendes. Il y a un caissier, un comptable teneur de livres, plus un commis aux écritures pour le dépôt situé dans la ville.

Il est délivré, pour les personnes fatiguées de faire un compte journalier, une quantité déterminée de bons de pain au cachet de l'établissement.

Enfin, de toutes parts on adresse des complimens à la société sur l'excellente qualité de son pain, et les personnes dans l'aisance sont enchantées de l'innovation établie et prennent des actions. Toutefois, il est beaucoup de quartiers où la boulangerie véridique est encore inconnue, mais non pas des boulangers, je vous assure, qui, dès les premiers bruits de l'association projetée, ont lu très-distinctement leur *manè tekel pharès*, en caractères flamboyans. Bien avant l'ouverture de l'établissement, et quoique ce fût le moment de la cherté des grains, un mieux très-sensible sous tous les rapports se faisait remarquer dans le service des boulangeries morcelées.

Mais on comprend qu'une voisine comme la boulangerie véridique, est infiniment désagréable pour MM. les boulangers; d'autant que leurs ouvriers voudraient tous travailler dans des boulangeries véridiques, afin d'avoir cette petite part des bénéfices qui leur fait tant de plaisir.

Leur syndic annonça au maire que très-certainement le livre des sept fléaux allait s'ouvrir en 1840, et que, pour ceux qui ont la main dans la pâte, l'abomination de la désolation est apparue, tout enfarinée, du plus profond des flancs du pétrin.

Ce n'est pas moi qui dirai le contraire.

Mais, en vérité, MM. les boulangers de Bordeaux avaient des prétentions par trop despotiques. Quoi donc! le public n'aurait pas le droit de faire son pain et de le prendre où bon lui semble? Enfin, le ministre fut obligé de s'en mêler; et j'ai eu sous les yeux sa lettre originale, écrite à M. Roul, député de la Gironde, laquelle parvint au maire par l'intermédiaire du préfet. Là, les boulangeries véridiques sont nettement protégées et défendues; elles sont envisagées du point de vue social, comme elles devaient l'être; c'est-à-dire comme parfaitement conformes aux saines idées qu'il faut avoir au sujet des subsistances et de l'approvisionnement.

Oui, les boulangeries morcelées, en empoisonnant le pain, ont comblé la mesure de leurs méfaits: *Delenda, delenda est Carthago!*

Mais qu'on y songe bien: du jour où, après avoir parlé d'une boulangerie véridique dans une localité, elle ne serait point réalisée, c'en serait fait des consommateurs; ils seraient livrés, pieds et poings liés, à la merci, à tout l'arbitraire des boulangers.

J'espère qu'une boulangerie véridique sera fondée dans le chef-lieu d'arrondissement où j'écris mes observations; si elle s'établit, Bergerac n'aura jamais eu d'aussi bon pain, un ouvrier de Carcassonne (l'une des cinq villes de France où l'on fait le meilleur pain) devant être appelé en qualité de chef de fabrication. La durée de la société est fixée à dix-huit ans, afin qu'à cette époque le chemin soit parfaitement frayé, et que les absorptions nécessaires soient effectuées. Alors la société sera riche, et le renouvellement facile et simple. A Bergerac, dans cette ville qui a huit mille âmes de population, je demandais à l'un des meilleurs boulangers : Combien avez-vous de collègues ? — Vingt-quatre, me répondit-il. Or, on m'accordera que chaque boulanger doit bien retirer en moyenne, pour nourrir sa famille et lui-même, une somme évaluée à 1,500 fr. ; donc les seuls frais d'administration *supérieure* coûtent à la ville 36,000 fr. ! (Je ne crois pas que cette moyenne de 1,500 fr. soit exagérée, lorsqu'il est avéré qu'un grand nombre de boulangers ont fait une fortune rapide.)

Sur ces huit mille âmes, chaque boulanger de Bergerac n'a donc en moyenne que 333 personnes à nourrir. Ce n'est pas même une fournée complète pour le four de neuf à dix pieds.

A Bordeaux, où il y a 228 boulangers sur 120,000 âmes, chacun d'eux nourrit en moyenne 571 personnes.

A Paris, où, sur 900,000 âmes, il n'y a que 600 boulangers (nombre limité par ordonnance), chacun a une clientelle de 1,500 personnes.

Et nonobstant les avantages déjà produits par le seul fait d'une clientelle nombreuse, pivotant sur le même atelier, on a compté qu'avec une seule administration et quatre seuls grands ateliers de fabrication aux quatre coins de la capitale, lesquels ateliers seraient munis de fours Mathieu-Clément, etc., on économiserait encore 10 millions par année. Si le calcul était exact, et je ne l'ai pas vérifié, il résulterait de là que, tout en donnant à chacun des 600 maîtres boulangers de Paris 1,666 fr. 66 c. pour qu'ils eussent le loisir de se promener sans rien faire pendant le restant de leurs jours, la ville pourrait avoir encore 9 millions par an, qu'elle appliquerait ainsi : 2 millions en livraisons de pain aux nécessiteux ; 1 million en chauffage et vêtemens pour les mêmes ; 2 millions en ateliers et colonies de travail, et 4 millions en travaux d'utilité publique, assainissemens, embellissemens de la capitale.

Tout le monde sait que plusieurs boulangers de Paris cuisent six fournées de pain avec un seul four ; je viens de *m'assurer qu'une seule* boulangerie de Bordeaux atteignait ce nombre de fournées, et cela n'a rien d'étonnant, puisqu'il y a dans cette ville presque trois fois autant de boulangeries qu'à Paris, toute proportion gardée ; quant à Bergerac, qui en a presque cinq fois autant, il serait fort extraordinaire qu'un boulanger fût en état de répéter à ce point ses opérations journalières.

Voilà où conduit le morcellement ! Au moment où le combustible devient rare et le bon sens hors de prix, on devrait faire un réglement de police municipale pour que chaque ménage eût son four particulier, afin qu'on fût décidément *chez soi*, afin de faire toute cette cuisine et tous ces pétrissages *chez soi*, et de réunir tous les embarras imaginables CHEZ SOI.

Car autrement les liens de famille seraient à jamais rompus, *à jamais brisés*, comme chacun sait. On mettrait hors la loi ceux qui se permettraient de dire du mal du pétrin, de la lèchefrite et du cuvier familial. Hors du pétrin, point de salut! Dans une ville de huit mille âmes nous aurions deux mille fours; pour toute la France ce serait comme si l'on doublait l'impôt. Sans oublier qu'avec tout cet abus d'individualisme et de concurrence anarchique, en un clin-d'œil, et nos forêts et nos charbons de terre seraient dévorés. Tout le monde en serait bien plus riche après.

C'est clair!

Or, au commencement de ce dix-neuvième siècle, nous avions des savans imbéciles, usurpateurs impertinens du nom d'économistes, qui vantaient la division, le morcellement et la concurrence anarchique. C'est imprimé, je vous le jure, dans tous leurs abécédaires.

Comptons: En principe, une machine ne se repose jamais, à moins que des réparations à faire ne rendent le chômage indispensable. La boulangerie véridique de Bordeaux cuit parfaitement bien, en une fournée, 400 demi-kilogrammes de pain; donc (à six fournées par four dans vingt-quatre heures, ce qui n'est pas trop comme on voit), donc quatre fours suffiraient à la ville de Bergerac s'il fallait 9,600 demi-kilogrammes de pain par jour; si ce n'est point assez, et qu'il faille, pour huit mille âmes, 12,000 demi-kilog., ou un kilo et demi par personne, l'un dans l'autre, alors cinq fours suffisent. Or, au lieu de vingt-quatre fours et vingt-quatre chaudières qui se refroidissent pendant vingt heures, on n'a qu'à évaluer l'économie de combustible qui résulterait de l'emploi d'un seul bloc de maçonnerie toujours brûlant, d'un seul pentagone renfermant cinq fours contigus. Un seul atelier au lieu de vingt-quatre boutiques et arrière-boutiques; peu de bluteaux, mais fonctionnant toujours; peu de pétrins, etc., seraient une conséquence de cette transformation.

Les précédentes années, le prix du blé est descendu à Bergerac jusqu'à 16 fr. l'hectolitre; mais je dois le compter à 18 fr., taux auquel on l'achète déjà le 1.er août de l'année actuelle. Pendant un assez long-temps avant la récolte, l'hectolitre était à 26 fr.; c'est 8 fr. de différence, ou 40 ½ p. %.

Eh bien! si nos devanciers, il y a 25 ans, eussent fondé une boulangerie véridique, la société pourrait être assez riche pour qu'il fût facile de s'approvisionner dès ce moment pour toute l'année; nous aurions les résultats suivans: la livre de blé donne son poids en pain, et, *si l'on veut absolument qu'il faille 12,000 demi-kilog.* par jour à la ville:

12,000 demi-kilog. ou 6,000 kilog. par jour, multipliés par 365 jours, égalent 2,190,000 kilog., divisés par 80 kil. (ou l'hectolitre), égalent 27,375 hectolit., multipliés par 18 fr., égalent 492,750 fr., *prix d'achat*. Si le demi-kilo était vendu 20 centimes, nos 2,190,000 kilogrammes

donneraient.. 876,000 fr.
Otez le prix d'achat, ci.. 492,750

Il reste en produit brut pour la ville........................ 383,250 fr.

A déduire : tous les frais d'opération appliqués à cinq fours ; il est inutile de fatiguer par des chiffres.

Du jour où il serait possible d'administrer ainsi les denrées de première nécessité, un prolétaire, une pauvre femme, l'un de ces sept millions cinq cent mille pauvres diables qui n'ont, en France, que cinq sous par jour, en aurait de six à sept dès ce moment. De plus, le lecteur gardera le souvenir du *douzième* des bénéfices qui est rigoureusement prélevé en vertu de l'acte de société, et qui, au moment de la répartition, est affecté au soulagement du malheur, selon le mode fixé par le vote annuel des associés réunis en assemblée générale. De ce jour donc, ce douzième pieux dépasserait cette somme de 12,000 francs recueillie pour la première fois cette année dans Bergerac, afin d'éteindre la mendicité ; ce serait le bénéfice de l'homme dans le dénuement, sans préjudice du dividende que toutes les commissions de bienfaisance, tontines du pauvre, obtiendraient simplement comme actionnaires et pour le courant du pain à elles fourni, dans l'année, par l'établissement.

Bien loin de là, dans la réalité actuelle, nous avons vu, par le dernier rapport de la commission pour l'extinction de la mendicité à Bergerac, que tout ce qu'elle a pu obtenir du syndicat de la boulangerie en faveur des malheureux, consiste en *un centime* de rabais par kilogramme.

La boulangerie mutuelle de Guebwiller en donne *six* pour tout le monde, tout dividende et boni compris.

Mais il nous faut redescendre à notre germe primitif qui sera, je l'espère, fécondé avec le temps. La boulangerie véridique commencera avec deux mille demi-kilogrammes de fabrication par jour. Un seul four cuit en six fournées deux mille quatre cents demi-kilo. C'est quatre cents de plus qu'il ne faut ; et avec un seul four on peut remplacer sept boulangers et sept boutiques. Mais dans le commencement, et en fabriquant nos deux mille demi-kilogrammes, ce ne sera que six boulangers et six boutiques. Autrement dit, chaque boulanger perdrait le sixième de ses pratiques, s'il fallait à la ville douze mille demi-kilogrammes ; il perdrait le quart, s'il ne fallait à cette ville que huit mille demi-kilogrammes ou un demi-kilogramme par personne, l'un dans l'autre.

On sait qu'il n'est aucune modification dans les procédés industriels, aucune machine nouvelle qui, pour le bien qu'elle pouvait produire dans l'avenir, n'ait causé des inconvéniens momentanés, n'ait coûté de grandes souffrances. Des travailleurs habitués à un seul genre d'occupation, ne connaissant qu'un seul métier, se sont vus forcés d'*attendre* pendant une longue perturbation...... Ici nous avons le bonheur de trouver des résultats tout-à-fait différens. Que l'adoption des boulangeries véridiques soit simultanée jusque dans les plus petites communes, et les boulangers ne pourront suffire au surcroît de fabrication. En effet, un grand nombre de familles qui ont continué jusqu'à ce jour de faire leur pain chez elles, afin de conserver certaines garanties de fabrication qu'elles ne trouvaient pas chez le boulanger, se débarrasseront au plus vite du soin de confectionner chez elles un pain lourd, indigeste et pâteux, dès qu'on leur présentera des avantages supérieurs à ceux qu'elles retirent du parti qu'elles ont adopté, enfin une économie parfaitement sensible. Combien de boulangers qu'il serait précieux de posséder dans les petites communes, et dont on manquera pour l'organisation des boulangeries véridiques!

APPENDICE.

Des Personnes.

Messieurs du Comice agricole de Bergerac,
Messieurs de la Commission pour l'extinction de la mendicité,

Lorsque, depuis cinq grands mois après avoir annoncé qu'une boulangerie véridique allait être établie dans ses murs, Périgueux en est encore au même point, ne forme que des vœux stériles; et lorsque aucune main ferme ne prend l'initiative, même avec la certitude de la protection spéciale de l'autorité supérieure, je trouve que ces lenteurs pour le bien sont parfaitement expliquées par un grand nombre de faits antérieurs.

En effet, Bergerac avait depuis deux ans une caisse d'épargnes, quand Périgueux en sentait à peine le besoin; en dix mois votre arrondissement vient de se couvrir au grand complet de comices agricoles, et l'arrondissement de Périgueux languit en attendant leur multiplication; tandis que Périgueux laisse encore sur la voie publique d'innombrables légions de mendians, chez vous la mendicité est éteinte dans la rue. Elle est parfaitement régularisée à la mairie, et quelque peu au domicile des particuliers. Toutefois, au sein des *sociétés modernes* qui, par leur virtualité propre, engendrent fatalement le paupérisme, vous avez seulement essuyé la plaie. Ce n'est point la guérir. Mais si vous n'avez point fait ce qu'il serait du *devoir* d'un gouvernement de faire, ce qu'on réalise en partie à Strasbourg et ce qui s'accomplira en dépit de la nullité profonde des gouvernans de notre époque, il est juste de publier que vous avez exécuté tout ce qu'il était possible de tenter avec les élémens ingrats sur lesquels il vous a été donné d'agir.

Enfin, pour terminer la revue des améliorations transitoires d'une certaine importance, je remarque que votre abattoir a été fondé avant celui de Périgueux.

Je crois que vous n'avez point oublié le jour où, dans le sein du Comice agricole, j'apportai les premières notions touchant la boulangerie dont la mutualité est la base. Parmi les habitans de Bergerac, ceux qui, passant à bon droit pour les plus intelligens, m'ont fait la politesse de m'accueillir comme un homme utile de plus, nul n'a été sans prévoir qu'aucune des autres questions d'économie sociale que j'eus l'honneur de traiter ne dût avoir, tôt ou tard, un retentissement officiel; et parmi ceux qui savent quelque chose, nul ne manqua d'être persuadé qu'aucun des projets que j'eus l'honneur de vous soumettre n'eût eu déjà quelque part un commencement d'exécution matérielle digne des méditations et des études du penseur.

Vous n'avez point oublié que plusieurs des membres du Comice, dans cette même séance, mirent eux-mêmes en saillie les avantages de cette boulangerie, et que cette proposition fut paraphrasée par presque tous les membres présens de cette société. Depuis lors un grand nombre de personnes ne cessèrent d'exprimer le désir que la ville fût bientôt dotée d'un établissement aussi important que celui-ci.

Je savais, dès ce moment, que les paroles ne suffisent pas pour réaliser le bien et qu'il n'est rien de tel que l'action et l'exemple; mais j'étais infiniment loin de prévoir qu'un retard qui pouvait devenir peu flatteur pour la ville, dût se prolonger jusqu'à ce jour, et que la fondation proposée exigeât, afin d'en finir, mon activité personnelle pour stimulant.

J'ai dit qu'une boulangerie véridique pouvait être considérée comme un encouragement donné à l'agriculture; elle sera aussi une source de revenus pour les pupilles qui sont l'objet de votre sollicitude. Par tous les motifs qui précèdent, je dois donc compter loyalement sur vous, pour que, dans la sphère où chacun de vous peut agir, un concours efficace soit rapidement obtenu dès le commencement et vienne couronner cette œuvre populaire.

Les premiers déboursés sont vraiment si minimes, que nul n'osera reculer, je pense, lorsque trop de mauvaise grâce à souscrire entraîne en quelque façon le ridicule.

Cet opuscule, que je me proposais d'étendre et de travailler avec soin, pour le répandre à mes frais dans tous les chefs-lieux d'arrondissement, parce que je voulais hâter la généralisation des boulangeries véridiques, cet opuscule a vu devancer le jour de son apparition, à cause de mon dernier projet d'agir plus activement encore que par des écrits. La rédaction et la mise en ordre de ces feuilles ont dû en souffrir nécessairement.

Or, j'ai décidé que je ne m'arrêterais pas. Nous voulons qu'une boulangerie véridique surgisse, et je déclare que je n'en quitterai point la gestion qu'elle ne fonctionne parfaitement.

Je ne puis avoir eu ici aucun ennemi personnel; et malgré la sottise qu'on trouve répandue sur tous les coins du globe, il me paraît naturel qu'à Bergerac il n'y ait pas plus de gens hostiles à cette *petite* administration évidemment utile aux huit mille habitans de la ville, et que le fils organise pour vous, qu'on ne le fût dans Périgueux, à une *tout autre* administration départementale, dirigée si long-temps et avec quelque honneur par le père.

Puisque je suis assez maître de mon temps pour le consacrer à quoi bon me semble, aucun motif ne s'oppose à ce que l'organisation puisse avoir lieu sur-le-champ. Je me suis donc figuré que je serais secondé par tous les hommes de bien ayant une dose quelconque de sens commun.

21 Août 1840.

ASSOCIATION DOMESTIQUE

POUR LA FABRICATION DU PAIN DE CHAQUE FAMILLE.

STATUTS ET RÉGLEMENS

DE LA SOCIÉTÉ ÉTABLIE POUR L'EXPLOITATION

DE LA

BOULANGERIE VÉRIDIQUE ET MUTUELLE.

Pardevant M.e Rambaud et l'un de ses collègues, notaires à Bergerac, soussignés,

A comparu :

M. Alfred Armynot du Chatelet, rentier, demeurant à Bergerac, rue Candillac;

Lequel expose qu'étant dans l'intention d'établir, en qualité de fondateur-gérant, une société pour l'exploitation d'une boulangerie, à l'imitation de celles créées à Paris et à Bordeaux sous le titre de BOULANGERIES VÉRIDIQUES, fondées dans l'intérêt public et principalement dans celui de la classe ouvrière, il en a arrêté les statuts et conditions de la manière suivante :

TITRE PREMIER.

Objet et dénomination de la Société.

ARTICLE PREMIER. — Il est créé une société en nom à l'égard de M. Armynot, et en commandite à l'égard des personnes qui adhéreront aux présens statuts, pour la fondation et l'exploitation d'une boulangerie.

ART. 2. — Cette boulangerie ayant pour but de garantir ceux qui feront partie de la société, des fraudes et des falsifications subies chaque jour par les consommateurs, relativement à la qualité, à la confection et au poids du pain, reçoit la dénomination de *Boulangerie véridique et mutuelle*.

ART. 3. — Elle n'est établie ni au profit d'un individu, ni au profit de quelques spéculateurs; par cette raison, il n'est ni ne pourra être créé aucune action industrielle.

ART. 4. — La durée de la société est fixée à dix-huit années, qui commenceront à courir du jour où elle se trouvera constituée; la raison sociale est ARMYNOT ET COMPAGNIE.

Le siége de la société sera ultérieurement désigné, et le lieu d'exploitation est fixé commune de Bergerac.

TITRE II.

Fonds social et actions.

Art. 5. — Le fonds social est composé : 1.° de 20,000 fr. de capital primitif; 2.° d'une partie des bénéfices, ainsi qu'il sera expliqué au titre VII; 3.° du matériel appartenant à l'établissement.

Art. 6. — Le capital primitif de 20,000 fr. est divisé en quatre mille actions de 5 fr. chacune; il sera créé de nouvelles actions qui viendront augmenter le capital social dès que l'administration pourra assurer le service des demandes des nouveaux actionnaires.

Art. 7. — La société sera définitivement constituée dès que deux mille actions auront été souscrites, et l'établissement commencera ses opérations immédiatement après.

Art. 8. — La moitié environ ou les deux tiers au plus de la somme de 20,000 fr. seront employés à l'achat du matériel nécessaire à la fondation de la boulangerie et à la mise en état du local; le reste formera le fonds de roulement.

Art. 9. — Les actions seront nominatives; elles seront détachées d'un registre à souche et signées du gérant, du caissier et de l'actionnaire; le talon de l'action sera revêtu des mêmes signatures.

Art. 10. — A dater seulement du 1.er Janvier 1844, toutes les actions seront transmissibles.

Avant ce temps, elles ne seront transmissibles que dans les deux cas exceptionnels suivans :

1.° Le décès du titulaire;

2.° Ou son domicile réel hors de l'arrondissement.

Art. 11. — Il ne sera délivré d'action que moyennant l'obligation, de la part de l'actionnaire, de prendre du pain dans la proportion de cinq hectogrammes (1) par jour pour chaque action souscrite. Pour sa plus grande commodité, l'actionnaire peut, s'il le désire, laisser s'accumuler au magasin de l'établissement cette quantité quotidienne de cinq hectogrammes, de manière à n'en recevoir la livraison totale qu'à l'un ou à certains jours de chaque semaine. Dans ce cas, l'administration, après qu'une demande aura été formée dans ce sens, fixera les jours de réception du pain pour chaque actionnaire, conformément aux exigences de la régularité du service intérieur de l'établissement.

Art. 12. — Le prix de l'action devra être versé en entier au moment de la signature de l'adhésion aux présens statuts.

Art. 13. — Il ne sera fait aucun appel de fonds.

(1) C'est le demi-kilogramme ou la livre métrique.

TITRE III.

Prix du pain.

Art. 14. — Le prix du pain sera livré aux actionnaires et porté à domicile dans la ville de Bergerac, aux prix suivans :

En principe, le prix du pain sera conforme à la taxe légale de Bergerac.

En exception, des établissemens publics, certaines associations publiquement connues pourront jouir d'un rabais au-dessous de la taxe légale, en vertu de traités qui ne pourront être valables pour plus d'un an, et qui, le jour même de leur signature, devront être transcrits sur le livre-journal de la société de la boulangerie véridique. Mais l'autorisation du conseil d'administration est absolument indispensable pour valider le rabais, quelque minime qu'en soit le taux.

Dans le cas exceptionnel où des manœuvres hostiles à l'établissement rendraient la mesure suivante nécessaire, après convocation des actionnaires en assemblée générale, il pourra être décidé, sur la proposition écrite du gérant, que le pain sera, par mesure générale, vendu au-dessous de la taxe légale, conformément à un rabais qui ne pourra être tel que l'intégrité du capital primitif puisse en être atteinte.

Art. 15. — Lorsque la pesanteur des pains de fantaisie qui ne sont pas soumis à la taxe sera désignée par l'établissement, elle sera réelle ; mais le prix du pain de fantaisie sera fixé en raison de la matière première et de la main-d'œuvre.

Art. 16. — Toute personne a le droit de faire compléter le poids nominal du pain à elle vendu.

TITRE IV.

Administration.

Art. 17. — La société sera administrée par M. Armynot du Chatelet, comme gérant responsable. Le gérant représentera la société tant activement que passivement ; il intentera ou défendra à toutes actions civiles et judiciaires qui intéressent la société.

Art. 18. — Il est interdit au gérant de souscrire aucun billet de commerce au nom de la société, à peine de nullité, attendu que le fonds de roulement est suffisant pour effectuer les achats qui devront être faits au comptant. Il est évident que les bons de pain dont l'administration peut faire usage pour faciliter les distributions de pain, ne sont point billets de commerce.

Art. 19. — Il sera nommé par le gérant un caissier, lequel fournira un cautionnement, dont la quotité sera fixée par le conseil d'administration. Ce cautionnement consistera, soit en immeubles francs d'hypothèques, soit en rentes sur l'État, soit en numéraire déposé à la caisse des consignations, ou encore déposé à la caisse d'épargnes, si ce dernier placement est agréé à la fois par le conseil d'administration et par le gérant.

Art. 20. — Toutes recettes et dépenses ne pourront être valablement faites qu'après avoir été ordonnées par le gérant et sous l'acquit du caissier.

Art. 21. — Le gérant sera responsable envers la société de toutes les personnes employées par lui dans l'administration; il fera tenir les écritures par les employés nécessaires, et demeurera, au reste, soumis à toutes les obligations imposées par la loi aux gérans des sociétés commerciales. Faculté lui est laissée de changer ou renvoyer le caissier, ainsi qu'il le jugera convenable, et les autres employés.

Art. 22. — Le gérant ne pourra être révoqué que s'il s'écarte de son devoir, et dans ce cas il sera passible de tous dommages-intérêts envers la société à raison des torts qu'il lui aurait portés. La révocation sera provoquée par le conseil de surveillance, et prononcée par la décision des actionnaires réunis en assemblée générale convoquée pour cet objet à la majorité absolue des voix. En cas de démission, révocation ou décès du gérant, il sera pourvu à son remplacement, à la majorité des voix des actionnaires réunis à cet effet en assemblée générale.

Afin que le service de la ville ne soit point exposé à avoir des lacunes, le gérant, dans les cas d'absence, devra désigner, à ses frais et sous sa responsabilité, un fondé de pouvoirs qui le représentera et le remplacera dans toutes fonctions qui sont de la compétence du gérant.

Art. 23. — Sur la quantité quotidienne de pain fabriquée par l'établissement, le gérant retiendra dans la proportion suivante le montant de ses appointemens :

Jusqu'à concurrence de deux mille kilogrammes de pain fabriqué, il prélèvera un centime par kilogramme; puis, après ce prélèvement effectué, il ne retiendra, sur toute quantité qui pourra, par jour, excéder ces deux mille kilogrammes, qu'un dixième de centime par kilogramme de pain.

Art. 24. — Les traitemens du caissier et des autres employés, le salaire des ouvriers seront déterminés par le gérant et soumis à la ratification du conseil d'administration, qui pourra les modifier.

TITRE V.

Conseil d'administration.

Art. 25. — Le conseil d'administration aura pour objet de prêter assistance au gérant dans ses opérations, et de s'assurer de la parfaite régularité de sa gestion.

ART. 26. — Le conseil d'administration sera composé de douze membres pris dans le sein de la société et nommés par les actionnaires réunis en assemblée générale, au scrutin et à la majorité relative, quel que soit le nombre des membres présens. Tout actionnaire pourra être nommé membre de ce conseil, lequel nommera son président et son secrétaire; il fera les réglemens qu'il croira utiles à son organisation.

ART. 27. — Les membres du conseil d'administration seront élus pour un an. A l'expiration de chaque semestre, on procédera au renouvellement de la moitié d'entre eux; mais ils peuvent être réélus. Ce renouvellement aura lieu par rang d'ancienneté. Pour le premier semestre, les noms des membres sortans seront tirés au sort.

ART. 28. — Le conseil d'administration nommera trois commissaires choisis dans son sein. Les commissaires formeront le comité de surveillance, spécialement chargé de surveiller la gestion de la société; il inspectera donc les opérations du gérant, celles du caissier et de tous les autres employés attachés à l'établissement; il fera au conseil d'administration, à chacune de ses réunions, un rapport sur l'état de la société.

ART. 29. — Dans les huit jours qui suivront la constitution de la société, les sociétaires seront réunis en assemblée générale par les soins du gérant, à l'effet de procéder à la nomination des membres du conseil d'administration.

TITRE VI.

Assemblées générales.

ART. 30. — Tous les ans, dans la seconde quinzaine de Janvier, le gérant convoquera en assemblée générale tous les actionnaires, qui seront prévenus au moins quinze jours d'avance du lieu, du jour et de l'heure de la réunion.

ART. 31. — L'assemblée choisira un président et un secrétaire parmi les associés présens.

ART. 32. — Les associés ainsi réunis entendront le compte rendu par le gérant et le rapport du conseil d'administration relatif à la gestion; ils recevront le compte des recettes et dépenses, tel qu'il résultera de l'inventaire que le gérant, aux termes de la loi, est tenu de faire chaque année. Ce compte établira la situation exacte de la société, et la balance de l'actif et du passif; l'excédant de l'actif sur le passif constitue les bénéfices dont sera faite la répartition.

ART. 33. — Les comptes apurés, on procédera à la nomination des nouveaux membres du conseil d'administration; on entendra toutes propositions relatives à l'amélioration de la société; il sera dressé procès-verbal des délibérations, et ce procès-verbal, signé du président, du secrétaire et de douze membres au moins, sera communiqué à tous les membres qui le requerront.

Art. 34. — Les délibérations ne seront valables qu'autant qu'elles seront prises à la majorité absolue des actionnaires présens et régulièrement convoqués. En cas de partage, la voix du président sera prépondérante.

Art. 35. — Les délibérations prises dans les assemblées générales seront obligatoires pour tous les actionnaires présens ou absens.

Art. 36. — Chaque actionnaire n'aura que sa voix individuelle, quel que soit d'ailleurs le nombre d'actions dont il sera porteur. Nul ne pourra se faire représenter.

TITRE VII.

Répartition des bénéfices.

Art. 37. — Les bénéfices seront divisés en douze portions égales et répartis de la manière suivante :

1.° Huit douzièmes appartiendront aux actionnaires ; sur ces huit douzièmes, quatre douzièmes leur seront répartis au prorata du nombre des actions de chacun ; les autres quatre douzièmes seront versés à la caisse des réserves pour être appliqués aux besoins d'approvisionnement.

2.° Un douzième sera appliqué au soulagement de la souffrance et de la misère. Le versement en sera fait entre les mains d'un comité quelconque de secours, désigné ou constitué à cet effet par délibération prise en assemblée générale. Pour toutes les années pendant lesquelles le nombre des actions souscrites se trouvera au-dessous de quatre mille à servir, l'administration peut préférer que le versement se fasse en pain ; et si ce nombre de quatre mille actions est dépassé, l'administration ne pourra préférer le versement en pain que jusqu'à concurrence de un cinquième de la valeur à verser entre les mains du susdit comité de secours. Dans tous les cas, les versemens en pain devront être terminés chaque année le vingt du mois de Juillet.

3.° Trois douzièmes appartiendront aux ouvriers, aux employés et au gérant, et leur seront répartis au prorata de leurs salaires ou traitemens.

Art. 38. — Mais si, par mesure générale et en vertu de l'article quatorze, le pain avait été vendu aux consommateurs à raison d'un rabais d'une quantité quelconque de centimes au-dessous du prix notoire de vente chez les boulangers de la ville, alors les actionnaires ne toucheraient la part qui leur est dévolue, ainsi qu'il est dit au paragraphe premier de l'article trente-sept, que diminuée d'une somme égale aux quatre douzièmes de la somme de tous les centimes dont les consommateurs auraient joui par le susdit rabais. Cette juste reprise sur la part des actionnaires sera destinée à rétablir la lésion que cette baisse aurait fait éprouver sans cela à chaque ayant-droit aux dividendes cités aux paragraphes deux et trois de l'article trente-sept.

Art. 39. — L'employé qui quittera ses fonctions sans motifs valables, sera privé de la part qu'il aurait eue dans les trois douzièmes des bénéfices affectés à la récompense du travail, en vertu de l'article trente-sept.

Art. 40. — En cas de mort, la veuve ou les héritiers recevront la part revenant à l'employé décédé, et ce, jusqu'à la fin du mois où il aura cessé ses fonctions.

Art. 41. — Le fonds de réserve se composera : 1.° des quatre douzièmes des bénéfices; 2.° de la portion des bénéfices sans emploi, par suite de l'application de l'article trente-neuf.

Art. 42. — Ce fonds de réserve est destiné à augmenter le fonds social.

TITRE VIII.

Dissolution et liquidation.

Art. 43. — En cas de perte des deux tiers du capital, la société sera dissoute et liquidée par les soins du conseil d'administration.

Art. 44. — La société pourra être renouvelée par décision de l'assemblée générale dans les six mois qui précéderont le terme fixé pour sa durée.

Si, au jour assigné pour terme de la société, elle n'est pas renouvelée, il sera procédé à la liquidation comme suit.

Art. 45. — Le gérant, avec l'autorisation du conseil d'administration, fera vendre le matériel de l'établissement de la manière qui sera jugée la plus avantageuse par le conseil; le produit de la vente, toutes dettes de la société acquittées, sera réuni au fonds social, composé ainsi qu'il a été dit ci-dessus, pour être réparti entre tous les actionnaires au prorata du nombre des actions de chacun.

Art. 46. — Si la société se continue par le vœu de la majorité, il sera fait, par trois experts nommés par les parties intéressées, une estimation du matériel, et il sera délivré aux actionnaires sortans la portion qui leur reviendra dans la société, sans qu'il y ait lieu à vendre le matériel.

Art. 47. — Les actionnaires n'étant censés se pourvoir d'actions qu'en raison des besoins de leur consommation habituelle, et toute action n'étant livrée qu'à la condition de prendre à la Boulangerie véridique et mutuelle du pain dans les proportions et selon le mode déterminés par l'article onze, l'actionnaire qui cesserait de recevoir cette fourniture perdra immédiatement son droit aux livraisons de pain et aux dividendes; il ne pourra plus prendre part aux délibérations de la société ; son action lui sera remboursée, s'il y a lieu, au moment de la liquidation de la société; et s'il négocie et transmet son action, le nouveau titulaire n'aura d'autres droits que ceux de tout autre actionnaire nouvellement inscrit.

Néanmoins, comme il est des cas très-valables de maladie et d'absence, les dispositions du présent article, prises pour prévenir certains abus, sont tempérées d'après des considérations aussi raisonnables que celles-là; et l'administration est toujours portée à harmoniser les exigences combinées de la société et du consommateur, et sans que ce dernier soit aucunement gêné dans ses habitudes.

Art. 48. — Les veuves et les héritiers des actionnaires seront tenus aux obligations stipulées pour les actionnaires eux-mêmes.

TITRE IX.

Dispositions générales.

Art. 49. — La souscription d'une ou plusieurs actions entraîne avec elle l'obligation de se soumettre à toutes les charges du présent acte.

Art. 50. — S'il survient des difficultés entre les associés, elles seront jugées par quatre amiables compositeurs nommés par les parties.

Art. 51. — Aucune modification ne pourra être portée aux présens statuts, autrement que par délibération de l'assemblée générale convoquée par lettres indiquant l'objet de la réunion, et à la majorité des trois quarts des membres votans, mais principalement aux dispositions des articles dix-sept, vingt-un, vingt-deux, vingt-trois, trente-six, trente-sept, trente-huit et cinquante-un, lesquelles, pour le temps pendant lequel M. Armynot conservera le titre de gérant, ne pourront être altérées sans le concours et le consentement de sa personne.

Art. 52. — Les frais des présentes et ceux d'affiches et annonces seront supportés par les actionnaires.

Art. 53. — Tous pouvoirs sont donnés au gérant à l'effet de faire imprimer et publier les présens statuts, conformément aux prescriptions de la loi, et autant que besoin sera.

Fait à Bergerac, en l'étude, le

Et lecture faite, M. Armynot a signé avec les notaires.

Signés à la minute, demeurée à M.e Rambaud, Armynot.

En marge est la mention suivante :

« Enregistré à

A l'expédition, *Signé* Rambaud.

On s'inscrit chez le notaire et chez M. Armynot. Le notaire, en attendant la nomination du caissier, recevra les fonds provenant des actions souscrites.

Nota Bené. Comme il est nécessaire, pour certains lecteurs, d'expliquer même ce qu'il y a de plus clair, il est entendu que pour tout ce qui est en surcroît des besoins journaliers de consommation, les associés pourront s'adresser à la Boulangerie mutuelle, ainsi qu'ils ont l'habitude de le faire chez leurs boulangers. Chacun ayant demandé quelques surcroîts, on peut dire que la compensation de cet extraordinaire est établie à la fin de l'année entre co-associés, de manière à produire l'équilibre à quelques centimes près.

Le porteur du pain aura toujours avec lui des balances; et il devra, sous peine de destitution, présenter son carnet sur une simple réquisition de l'actionnaire, afin que celui-ci puisse inscrire toute observation relative à ses goûts au sujet du pain, et toute plainte contre le porteur lui-même ou contre l'établissement.

SOUS-PRESSE

POUR PARAÎTRE INCESSAMMENT :

Organisation générale de la garantie des subsistances; par M. ARMYNOT.

On trouve à la même adresse :

Calculs agronomiques; par M. LE MOYNE, ingénieur en chef. — Prix : 2f 50c.

Des Fruitières, ou Association domestique pour la fabrication du fromage de Gruyère ; par Wladimir GAGNEUR. — Prix : 50c (Depuis des siècles cette Association subsiste dans le Jura.)

Des Comptoirs communaux; par M. Just MUIRON, chef de division à la préfecture du Doubs. — Prix : 2f 50c

Destinée sociale; par Victor CONSIDÉRANT, capit. du génie ; 2 vol. — Prix : 13f

www.ingramcontent.com/pod-product-compliance
Ingram Content Group UK Ltd.
Pitfield, Milton Keynes, MK11 3LW, UK
UKHW012302240726
13966UKWH00004B/1572

9 782011 943514